高等学校教材 22

数学物理方程

EQUATION OF MATHEMATICAL PHYSICS

李莉 王峰 编著

内 容 简 介

本书是根据理工科数学物理方程教学大纲的要求及学科发展需求编写的，全书共分十一章，内容包括数学模型的建立及定解问题，方程的分类和化简，特征线积分法，分离变量法，积分变换法和格林函数法．为了内容的完备性，特意补充了傅里叶级数的内容．

全书可作为理工科各专业本科生和研究生的教材，也可作为科研及工程技术人员的参考书或自学用书．

图书在版编目(CIP)数据

数学物理方程/李莉，王峰编著．—哈尔滨：哈尔滨工业大学出版社，2015.8

ISBN 978-7-5603-5536-8

Ⅰ．①数…　Ⅱ．①李…②王…　Ⅲ．①数学物理方程—高等学校—教材　Ⅳ．①O175.24

中国版本图书馆 CIP 数据核字(2015)第 172736 号

策划编辑　刘培杰　张永芹
责任编辑　张永芹　穆　青
封面设计　孙茵艾
出版发行　哈尔滨工业大学出版社
社　　址　哈尔滨市南岗区复华四道街 10 号　邮编 150006
传　　真　0451-86414749
网　　址　http://hitpress.hit.edu.cn
印　　刷　哈尔滨市工大节能印刷厂
开　　本　787mm×960mm　1/16　印张 12.5　字数 253 千字
版　　次　2015 年 8 月第 1 版　2015 年 8 月第 1 次印刷
书　　号　ISBN 978-7-5603-5536-8
定　　价　28.00 元

前　言

数学物理方程主要是指在实际工程技术中抽象出的一类偏微分方程，不仅具有很强的理论基础，而且在各领域都有很高的应用价值，在物理学、化学、医学、生物学、材料、工业技术、社会学等各个领域都有它的身影，例如试井分析、石油勘探、医学成像、大型建筑、金融、人口普查等方面都为数学物理方程提出了崭新的研究课题.它与现代科学工程技术联系十分紧密，是应用及其广泛的应用数学基础之一.

“数学物理方程”使学生理解掌握与本课程相关的重要理论的同时，有利于数学思维的养成，分析、解决实际问题能力的提高，已然成为高等理工科院校必备的数学工具.教学内容中除了包含必要的数学物理方程的基本知识、基本概念和理论外，还重点讨论了具有重要应用意义的经典数学物理方程定解问题的几种基本解法.

目前理工科高校均开设“数学物理方程”或“偏微分方程”课程，但“数学物理方程”侧重于模型的建立和方程的求解方法，而“偏微分方程”侧重于数学理论基础的分析，由于两者侧重点不同，通常为工科院系开设“数学物理方程”课程.而且，这门课程的设置使得其与先修课和后续课能够有机衔接，同时也为理工科专业学生后继的科研工作奠定了坚实的基础.

本书共分 11 个章节，内容包括数理方程相关的背景、研究对象、特点；三类典型线性偏微分方程的数学模型的建立过程；二阶线性偏微分方程的分类和化简；特征线积分法；有界区域上的分离变量法；积分变换法和格林函数法.为全书内容的完整性，补充了傅里叶级数部分.但由于授课时数所限，本书没有涉及广义函数等内容.因此可适当删减某些章节，灵活掌握.

本书每节课后都留有习题，并备有部分习题的参考答案，以利于学生或是自学人员检查学习成果.此外，由于某些题目计算得到的方程的解析解，很难从直观上理解解的分布及其物理意义，因此本书的某些章节最后附有 MATLAB 源程序，把微分方程抽象的理论结果可视化，使读者能更直观地了解“数学物理方程”所具有的性态.而且部分内容参考了国内外出版的一些教材和专著，见本书所附参考文献.

本书附录列出了一阶偏微分方程求解、幂级数解法和积分变换表.

由于作者水平所限，疏漏和不足之处在所难免，敬请读者予以批评指正.

2015 年 5 月于哈尔滨工业大学

目　录

第1章　概论

1.1　数学物理方程

数学物理方程是指物理学、力学等自然学科和工程技术中提出的偏微分方程，在理论物理、应用物理、力学、地质等各个领域中均有广泛的应用."数学物理方程"是将物理和数学相互交融的学科.一方面，若已知假设的定解条件，如何求出方程的解；另一方面关心的是，如何提定解条件，可以在最低的限度下保证解的存在性和唯一性.从字面来理解，用以研究数理方程的数学物理方法是以研究物理问题为目标的数学理论和数学方法.首先用数学语言描述物理现象(即建模)，然后寻找恰当的数学方法求解模型，最后根据解答来诠释和预见物理现象，或根据物理事实来修正原有的模型.通过对一些典型问题的研究，从而揭示偏微分方程的一些带有普遍性的思想方法和结论.

"数学物理方程"，顾名思义，物理问题的研究一直和数学密切相关.

作为近代物理学的起点，牛顿提出了万有引力定律.他用常微分方程描述了质点和刚体的运动规律，然后由引力定律推导出了描述引力势的拉普拉斯(Laplace)方程和泊松(Poisson)方程.在连续介质力学中，从质量、动量、能量守恒原理出发，推导出了流体力学中一系列方程组.在物理学中，我们可以用波动方程描述波的传播，用热传导方程表现传热和扩散现象.波动方程和热传导方程是古典的数学物理方程，特别值得注意的是，同一个偏微分方程可以用来描述许多种性质上很不相同的物理现象，这一点可以作为近似解问题的求解方法.18世纪中期，牛顿力学的基础开始由变分原理所刻画，并且许多的物理理论都是以变分原理作为自己的理论基础.自18世纪以来，在连续介质力学、传热学和电磁场理论中，归结出了许多偏微分方程，通称为数学物理方程.直到20世纪初期，数学物理方程的研究才成为数学物理的主要研究内容.随着科学技术的进步，研究领域越来越广泛，数学物理方程并不仅仅局限于字面上的"数学"和"物理"，而是涉及方方面面.例如在生物学中，描述动植物的种群模型、传染病模型；社会学中的人口普查、经济类数学，例如股票市场中的达芬(Duffing)方程;工程技术中油田开发、天气预报、空间探索、电力传输等等.几乎所有领域都与数理方程密不可分.

1.1.1 方程的分类

由方程的形式可将其分为常微分方程、偏微分方程、积分方程和微积分方程.如果按照事物的发展过程将数理方程分类,可将其分为三类:

1. 稳态过程,即系统与时间无关;
2. 耗散的、依赖于时间的发展过程;
3. 保守的发展过程.

虽然研究的实际问题不同,但是只要它属于同一类过程,其所满足的基本法则是相类似的.下面举例说明.

例 1.1.1 1. 傅里叶(Fourier)定律:傅里叶定律是热传导的基本定律,表示在均匀的各项同性的导热体内,沿着法向方向 $\boldsymbol{n}$,通过表面的热流量与温度梯度成正比,与垂直于热流的横截面积成正比,即

$$dq = -\lambda \frac{\partial}{\partial \boldsymbol{n}} T \, dS dt \tag{1.1}$$

这里 T 代表温度,负号表示热量传递的方向与温度升高的方向相反,λ 是热传导系数.

2. 菲克(Fick)定律:是描述气体扩散现象的宏观规律,是生理学家菲克于1855年发现的.单位时间内通过垂直于扩散方向的单位截面积的扩散物质流量与该截面处的浓度梯度成正比,即

$$dq = -D \frac{\partial}{\partial \boldsymbol{n}} C \, dS dt \tag{1.2}$$

这里 C 代表扩散物质的体积浓度,D 为扩散系数(m^2/s).

3. 达西(H. P. G. Darcy)定律:反映水在岩土孔隙中渗流规律的实验定律.由法国水利学家达西在1852年～1855年通过大量实验得出,表示水通过多孔介质的速度与水力大小的梯度成正比,即

$$dq = -K \frac{\partial}{\partial \boldsymbol{n}} p \, dS dt \tag{1.3}$$

其中 p 表示孔隙压力,K 表示渗流系数.

由此可见,虽然三个定律描述了三个不同的物理过程,但是如果把表示不同意义的符号统一,式(1.1),(1.2)和(1.3)属于同一类微分方程.偏微分方程的各种特性和其自然原型之间的紧密联系非常有助于我们的研究.比如说,可以通过分析

一类数学模型，推断其中一个未知的自然现象的发展趋势；反过来，也可以通过研究一个自然现象的特性，判断某一类数学模型的性质.

1.2 偏微分方程的基本概念

1.2.1 基本概念

1. 定义

首先，回顾常微分方程的定义：如果一个微分方程中出现的未知函数只含有一个自变量，这个方程叫做常微分方程，也简称微分方程.

随着科技发展，人们研究的许多问题如果用一个自变量的函数来描述已经不够了，比如说有些问题不仅和时间有关，而且和空间坐标也有联系，这就要用多个变量的函数来表示. 因此，当一个微分方程除了含有几个自变量和未知函数外，还含有未知函数的一个或多个偏导数时，称为偏微分方程，即

$$f(x_1, x_2, \cdots, u, u_{x_1}, u_{x_2}, \cdots, u_{x_1x_1}, u_{x_1x_2}, \cdots) = 0 \tag{1.4}$$

其中 $x_1, x_2, \cdots (\in D \subset R^n, n \geqslant 2)$ 称为自变量，$u = u(x_1, x_2, \cdots)$ 称为依赖于自变量的未知函数，$u_{x_1x_1}, u_{x_1x_2}, \cdots$ 称为未知函数 u 关于自变量 $x_1, x_2, \cdots$ 的偏导数.

2. 偏微分方程的解

如果存在一个充分光滑的函数 $u = u(x_1, x_2, \cdots)$（即 u 在区域 D 上连续，在区域 $\overline{D}$ 上具有各阶连续偏导数），使得 $u(x_1, x_2, \cdots)$ 在区域 D 中满足方程(1.4)，则 $u(x_1, x_2, \cdots)$ 称作方程(1.4) 的解.

3. 偏微分方程的阶

偏微分方程中未知函数偏导数的最高阶数定义为方程的阶.

4. 偏微分方程的分类

(1) 线性方程 —— 方程中未知函数及其偏导数都是线性的，且未知函数的系数只依赖于自变量；

(2) 拟线性方程 —— 最高阶偏导数是线性的，但方程不是线性的；

(3) 非线性方程 —— 最高阶偏导数是非线性的.

例 1.2.1 线性方程

$$yu_{xx}+2xyu_{xy}+u_y=x^2$$

$$u_{xxx}+2x^2y^2u_{xxy}+y^3y_{yyy}=0$$

$$u_{xx}+xu_y=y$$

$$u_{xx}+4xyu_{xy}+u_{yy}=\sin x$$

拟线性方程

$$u_xu_{xx}+xuu_y=\cos x$$

$$uu_x-2xyu_y=0$$

$$u_{xxx}+u_{yyy}+\ln u=0$$

$$u_{xy}u_{xyy}+3u_{xy}+\sin u=0$$

非线性方程

$$u_{xy}^2+5u_x+e^yu=y^2$$

$$u_x^2+uu_y=1$$

$$u_{xx}^2+u_y^2+\sin u=e^y$$

$$(u_x^2+1)u_{xyy}+x^2y_x^2+u_y=0$$

在数理方程这门课中,主要研究二阶线性偏微分方程.

依赖于 n 个自变量的二阶线性偏微分方程可表示为

$$\sum_{i,j=1}^{n}\boldsymbol{A}_{i,j}u_{x_ix_j}+\sum_{i=1}^{n}\boldsymbol{B}_iu_{x_i}+\boldsymbol{F}u=\boldsymbol{G} \tag{1.5}$$

其中系数矩阵 $\boldsymbol{A}_{i,j}=\boldsymbol{A}_{j,i}$,且 $\boldsymbol{A}_{i,j}$,$\boldsymbol{B}_i$,$\boldsymbol{F}$ 以及右端项 $\boldsymbol{G}$ 都是仅依赖于 n 个自变量的函数.如果方程(1.5)中右端项 $\boldsymbol{G}\equiv\boldsymbol{0}$,则方程(1.5)为齐次方程,否则称为非齐次方程.

5.偏微分方程的通解

与常微分方程不同,常微分方程的通解是依赖于任意常数的,而偏微分方程的通解是依赖于任意函数的.

例 1.2.2 如果 $u=u(x,y)$ 是 x,y 的二元函数,则

$$u_{xy}=0\Rightarrow u_{x,y}=f(x)\Rightarrow u(x,y)=g(x)+h(y)$$

其中 $f(x)$,$g(x)$ 和 $h(y)$ 是任意连续可微函数.

例 1.2.3 假定 $u=u(x,y,z)$,且 $u_{yy}=2$,则在方程两端连续积分两次可得偏微分方程的通解为

$$u(x,y,z)=y^2+yf(x,z)+g(x,z)$$

这里 $f(x,z)$ 和 $g(x,z)$ 是依赖于两个自变量 x,z 的任意连续可微函数.

回想常微分方程的求解过程,首先确定一个依赖任意常数的通解,然后根据给

定的条件确定任意常数的值，求出特解. 但是，对偏微分方程而言，从偏微分方程的通解中选出满足附加条件的一个特解，可能和求通解一样困难，甚至比求通解更困难. 这是因为偏微分方程的通解是依赖于任意函数的，而不是常数.

此外，对于偏微分方程和常微分方程，还有一点需要注意的是，n阶线性齐次常微分方程，其 n 个线性无关解的线性组合仍然是常微分方程的一个解. 但是对于偏微分方程来说，这样的结论一般是不成立的. 因为，每一个线性齐次偏微分方程的解空间是无限维的函数空间.

例 1.2.4 求解一阶线性齐次偏微分方程

$$u_x + u_y = 0$$

通过坐标变换

$$\begin{cases} \xi = x + y \\ \eta = x - y \end{cases}$$

可得 $2u_\xi = 0$，左右两端关于 η 积分一次，得通解

$$u(x,y) = f(x-y)$$

这里函数 $f(x,y)$ 是任意连续可微函数，可表示为无限多种形式，例如

$$(x-y)^n, \sin n(x-y), \cos n(x-y), \exp n(x-y), n=1,2,3,\cdots$$

这些函数都是线性无关的.

1.2.2 算子与线性算子

1. 算子 —— 表示一种对函数的运算符号；一个算子作用于一个函数后根据一定的规则生成一个新的函数. 例如微分算子 D，有

$$D[u(x,y)] = \frac{\partial u}{\partial x} + y\frac{\partial^2 u}{\partial y^2}$$

积分算子“$\int$”，有

$$L[f(t)] = \int_0^{+\infty} f(\tau)\mathrm{e}^{-p\tau}\,\mathrm{d}\tau$$

散度算子“$\nabla\cdot$”，有

$$\nabla\cdot u(x,y) = \frac{\partial u}{\partial x} + \frac{\partial u}{\partial y}$$

拉普拉斯算子“Δ”，有

$$\Delta u(x,y) = \frac{\partial^2 u}{\partial x^2} + \frac{\partial^2 u}{\partial y^2}$$

算子(A,B,C)运算法则：

(1) 加法交换律：$A+B=B+A$；

(2) 加法结合律：$(A+B)+C=A+(B+C)$；

(3) 乘法结合律：$(AB)C=A(BC)$；

(4) 乘法对加法的分配律：$A(B+C)=AB+AC$.

算子乘法未必满足交换律，例如

$$A=\frac{\partial^2}{\partial x^2}+\frac{\partial}{\partial y},B=\frac{\partial^2}{\partial y^2}-y^2\frac{\partial}{\partial y},xy\neq 0$$

计算可知$AB[u]\neq BA[u]$.

2.线性算子 —— 满足如下性质的算子称为线性算子

$$L[au+bv]=aL[u]+bL[v]$$

其中a,b是任意常数.

习题 1

1.对于下列偏微分方程：

(a)$(xy+5)u_{xyyz}+x^2yu_{xyz}-y^4u_{yyz}+x^2u+\ln xz=0$；

(b)$u_{xx}^2(u_{yy}+1)+2u_xu_y^3+\sin x=0$；

(c)$u_{xyz}u_{xyyz}+6x^2y^2u_{xyz}+u_{xy}=0$；

(d) $\sqrt{u_{xx}}\,u_{yy}+y^2u_y+u^2=e^{xy}$；

(e)$x^2u_{xxyz}+2yu_{xxz}-6u_{yyz}+(x^2+1)u+\sin x=0$；

(f)$u_{xy}^3u_{xyz}+4u_xu_y^2+x^2=0$；

(g)$u_{xz}u_{xyzz}^2+2x^2u_{xyz}+u_{xy}=0$；

(h)$u_{xy}^2+x^2u_y+u=\ln xy$.

试确定：(1) 齐次还是非齐次的；(2) 方程是几阶的；(3) 方程是属于线性、拟线性及非线性的三类中的哪一类.

2.令$u_x=v$，求方程

$$u_{xy}+u_x=0$$

的通解.

3.证明函数$u(x,y)=f(xy)$是方程

$$xu_x-yu_y=0$$

的解，其中f是具有连续导数的函数.

4. 证明 $u(x,y)=f(x)g(y)$ 是方程

$$uu_{xy}-u_x u_y=0$$

的解，其中 f 和 g 是任意二次连续可微函数.

第 2 章　数学模型的建立及定解问题

许多数学物理问题都可以归结为三类典型的偏微分方程问题：波动方程、热传导方程以及拉普拉斯方程. 在详细介绍这三类偏微分方程前，本章将通过几个简单的例子，讨论常微分方程模型和积分方程模型的建立和求解过程，用数学的语言描述物理规律，并为随后的偏微分方程模型的建立、求解奠定基础.

2.1　马尔萨斯人口模型

英国著名人口统计学家马尔萨斯(Malthus,1766－1834)在研究100多年的人口统计时，发现单位时间内人口的增加量与当时人口总数是成正比的. 由此建立了一个描述人口增长的模型，即后来闻名于世的“马尔萨斯人口模型”.

设 $x(t)$ 表示 t 时刻的人口数目，当考察一个国家或一个较大地区的人口时，$x(t)$ 是一个较大的整数，并且设 $x(t)$ 是连续且可微的. 记初始时刻($t=0$) 的人口数为 x_0，假设人口增长率为常数 r，则从 t 时刻到 $t+\Delta t$ 时刻，人口的增长率 r 满足

$$r=\frac{x(t+\Delta t)-x(t)}{\Delta t} \tag{2.1}$$

当 $\Delta t\to 0$ 时，$x(t)$ 满足如下的微分方程

$$\begin{cases}\dfrac{\mathrm{d}x}{\mathrm{d}t}=rx\\ x(0)=x_0\end{cases} \tag{2.2}$$

由方程(2.2) 易解出

$$x(t)=x_0\mathrm{e}^{rt} \tag{2.3}$$

当 $r>0$ 时，表明人口将按照指数规律无限增长，因此“马尔萨斯人口模型”又称为人口指数模型.

这个模型对于人口增长的相对短期的预测是正确的，但是如果按照这一模型预测2510年的世界人口将达到2万亿. 这意味着，即使将全世界所有陆地和所有海洋面积都计算在内，人均面积也只有0.86 m^2. 很显然这种状况是不可能出现的，其

缺陷在于没有考虑人口增长的非线性机制和人口死亡率. 随着人口总数的增加，地球上的生存环境及生态资源对人口增长的限制变得越来越显著，这一因素将使人口增长趋于缓慢.

2.2　单摆问题

假设有一长为 l 的柔软细线，一端固定，另一端系一质量为 m 的质点(称为摆球)，在垂直平面内的平衡位置两侧摆动，如图 2.1 所示. 讨论图 2.1 中单摆的运动方程.

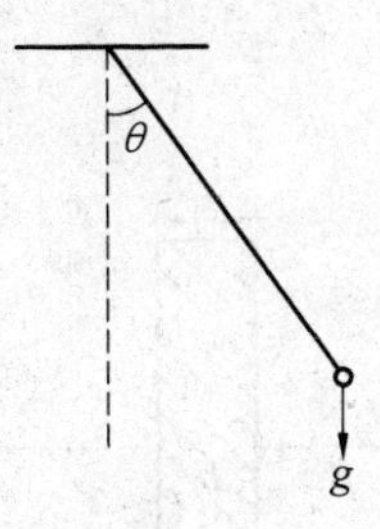

图 2.1　单摆

设任意时刻，摆球偏离铅垂线的角度为 θ，摆球受到的合力为重力沿切向的分量 $mg\sin\theta$，且切向速度为 $v=l\dfrac{\mathrm{d}\theta}{\mathrm{d}t}$. 由牛顿第二定律，可得

$$m\frac{\mathrm{d}v}{\mathrm{d}t}=-mg\sin\theta \tag{2.4}$$

式(2.4) 中的负号表示摆球加速度$\dfrac{\mathrm{d}v}{\mathrm{d}t}$ 的方向与角度 θ 的方向相反，则

$$\frac{\mathrm{d}^2\theta}{\mathrm{d}^2t}+\frac{g}{l}\sin\theta=0 \tag{2.5}$$

此为单摆的运动方程. 这是一个非线性方程，它能够描述单摆在任意摆角时的运动. 如果摆动的角度很小，那么认为 $\sin\theta\approx\theta$，则方程(2.5) 化为线性方程

$$\frac{\mathrm{d}^2\theta}{\mathrm{d}^2t}+\frac{g}{l}\theta=0 \tag{2.6}$$

2.3 CT成像的重建算法——Lambert-Beer定律

首先,由X射线源发出射线强度为I_0的X射线,射线经探测对象,由探测对象后方的探测器接收到的X射线强度为I.假定被探测的物体为均匀的且为同一介质,其线性衰减系数设为μ,厚度为x,则有(图2.2)

$$I = I_0 e^{-\mu x}$$

使得

$$\mu x = \ln \frac{I_0}{I} \tag{2.7}$$

此为著名的Lambert-Beer定律.

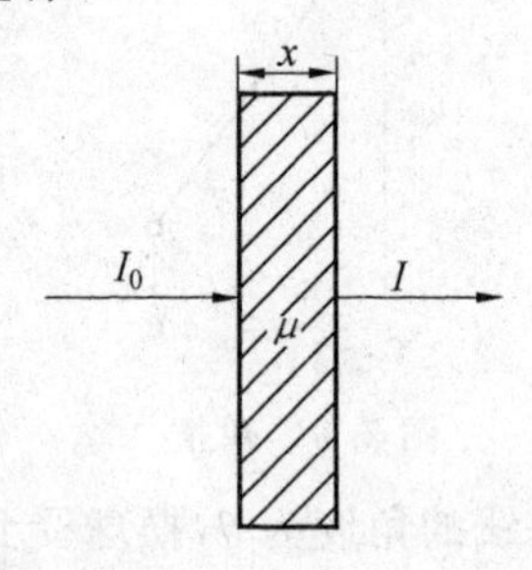

图2.2　Lambert-Beer定律

实际上,被投射的物体一般都是非均质的.此种情况,可以将射线穿过的介质沿着扫描路径l划分为大小相等的n个小方块,每小块的厚度为Δx,每一块视为均质的.设每一块的线性衰减系数分别为$\mu_1,\mu_2,\cdots,\mu_n$.X射线通过第一个方块后衰减为

$$I_1 = I_0 e^{-\mu_1 \Delta x}$$

通过第二块后衰减为

$$I_2 = I_1 e^{-\mu_2 \Delta x}$$

以此类推,通过第n块后衰减为

$$I_n = I_{n-1} e^{-\mu_n \Delta x}$$

此I_n即为探测器接收到的射线强度I,即

$$I = I_0 e^{-(\mu_1+\mu_2+\cdots+\mu_n)\Delta x}$$

等式两端同时取对数,可得

$$\ln\frac{I_0}{I} = (\mu_1 + \mu_2 + \cdots + \mu_n)\Delta x$$

定义 $P=\ln\frac{I_0}{I}$,即通过射线强度检测得到的测量值,称为投影,则

$$\mu_1+\mu_2+\cdots+\mu_n=\frac{P}{\Delta x}$$

因此,利用等式右端的已知量去求解左端的每个方块的衰减系数.但是对于这个代数方程组而言,未知量的个数多于方程的个数,所以方程没有唯一解.因此,从数学角度来看,这是一个不适定问题.考虑到围绕受检体的一次扫描可以得到一个有关衰减系数的方程,如果将整个感兴趣的断层都划分为大小相等的小方块,每个小方块有一个固定的衰减系数,这样,上述单束射线环绕扫描得到的每个穿透强度值都可以形成一个关于衰减系数的方程.只要扫描线不重复且足够多,这些衰减系数的确定值肯定可以通过解线性方程组的方法给出唯一实数解.把每个方块的衰减系数值用灰度表示,就可以重建出以衰减系数为特征的断层图像.这种图像重建方法称为方程组法.

如果剖分的足够细,即 $\Delta x\to 0$ 时,投影 P 即为

$$P=\ln\frac{I_0}{I}=\int\mu(l)\,\mathrm{d}l$$

其中 $\mu(l)$ 是随路径 l 连续变化的函数.这一等式表明入射射线强度和出射射线强度之比经对数运算后,等于衰减系数沿射线路径上的线积分,而投影 P 与射线穿越介质的路径长度成正比.

本章开始提到的三个典型的偏微分方程分别为描述振动与波动的波动方程;描述输运与扩散的扩散方程或热传导方程;描述平衡过程的拉普拉斯方程.实际上许多数学物理方程都可以经过简单的变化转换为这三类方程中的某一个,因此,这三类方程是数理方程中研究的基础.下面分别讨论这三类方程的数学描述.

2.4　弦振动问题

以均匀弦的微小横振动问题为例,假设有一长为 l,两端拉紧的均匀细弦,且弦是柔软的,有弹性的,当给弦以某一初始拨动时,弦振动起来.讨论弦上任一点 x 处,在任意时刻 t 的振动情况.

当弦不振动时是一条直线,取这条直线作为坐标系的 x 轴,则垂直于 x 轴的方向为弦的振动方向.以 $u(x,t)$ 表示弦在任一点 x 处,任一时刻 t 的位移(图 2.3).

首先对上述问题做如下假设:

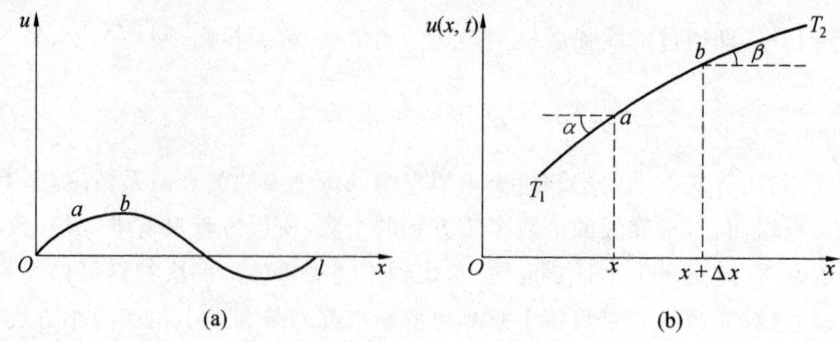

图 2.3　一维弦振动问题

1. 弦只有横振动；

2. 弦是柔软的，且有弹性的，因此，张力总是沿着弦振动波形的切线方向，张力在法线方向无分力；

3. 弦是拉紧的，因此弦上任一段小微元都不能再拉伸，由胡克定律可知，张力是常量；

4. 弦的重量和张力相比很小(小于 0.1)；

5. 由于是细弦，因此弦偏离平衡位置的位移量远远小于弦的长度 $\left(\frac{\max|u|}{l}<0.1\right)$；

6. 在振动过程中，弦上各点处切线的斜率很小($u_x<0.1$).

在以上的假设条件下，还假定弦仅在张力的作用下开始振动，不受其他的外力. 下面我们具体推导弦振动问题. 将弦分成若干小微元，讨论这一小微元的运动情况. 假定小微元$(x,x+\Delta x)$所对应的弧段的两端受到相邻微元的张力分别为 T_1 和 T_2，且张力与水平之间的夹角分别为 α 和 β，由牛顿第二定律，作用于微元上的任一方向上的合力等于该微元的质量乘以该方向上的加速度.

在 x 轴方向弧段受力总和为 $T_2\cos\beta-T_1\cos\alpha$，由于弦的每一小段都没有纵向运动，所以作用于该弧段的沿 x 轴的水平方向的合力等于零，即

$$T_2\cos\beta-T_1\cos\alpha=0 \tag{2.8}$$

弧段的长度

$$\Delta s=\sqrt{(\Delta x)^2+(\Delta u)^2}=\Delta x\sqrt{1+\left(\frac{\Delta u}{\Delta x}\right)^2}$$

在弦振动的前提限制条件下，斜率 $\frac{\Delta u}{\Delta x}\ll 1$，因此 $\Delta s\approx\Delta x$.

在 u 方向上弧段所受到的总的合力为

$$T_2\sin\beta - T_1\sin\alpha = mu_{tt} = (\rho\Delta s)u_{tt} \tag{2.9}$$

其中 m 是弧段的质量，ρ 是弦的密度，u_{tt} 是弦振动的加速度. 由假设条件，对于微小的横振动，弦上的切线与水平之间的倾角 α,β 很小，即 $\alpha\approx 0,\beta\approx 0$，得

$$\cos\alpha\approx 1,\cos\beta\approx 1$$

$$\sin\alpha\approx\tan\alpha=\left.\frac{\partial u}{\partial x}\right|_x,\sin\beta\approx\tan\beta=\left.\frac{\partial u}{\partial x}\right|_{x+\Delta x}$$

因此式(2.8) 和式(2.9) 分别为

$$T_1 = T_2$$

$$T_2u_x\,|_{x+\Delta x} - T_1u_x\,|_x = u_{tt}\rho\Delta x \tag{2.10}$$

这里记 $T_1 = T_2 = T =$ 常数，因此式(2.10) 变为

$$T\frac{u_x\,|_{x+\Delta x} - u_x\,|_x}{\Delta x} = \rho u_{tt}$$

当微元 $\Delta x \to 0$ 时，上式左右两端同时取极限，变为

$$Tu_{xx} = \rho u_{tt}$$

令 $a^2 = \dfrac{T}{\rho}$，则

$$u_{tt} = a^2u_{xx}$$

此为一维的齐次波动方程.

如果弦在振动过程中还受到一个与弦的振动方向平行的外力，且假定单位长度所受外力为 $F(x,t)$，则水平方向和垂直方向的合力表达式(2.8) 和(2.9) 分别为

$$T_2\cos\beta - T_1\cos\alpha = 0$$

$$F\mathrm{d}s + T_2\sin\beta - T_1\sin\alpha \approx \rho\Delta s u_{tt}$$

用与上述完全相同的推导方法，可得弦的强迫振动方程为

$$u_{tt} = a^2u_{xx} + f(x,t)$$

其中 $f(x,t) = \dfrac{F(x,t)}{\rho}$，此为一维非齐次波动方程.

2.5　膜振动问题

类似于一维弦振动的波动方程，我们给出类似于弦振动的假设条件，并讨论二维膜振动的波动方程的建立过程.

假定：

1. 膜是柔软的，且有弹性的，即它不能抵抗弯矩，因此在任何时刻它的张力总是在膜的切平面内；

2. 膜的每一块微元都没有伸张变形，因此由胡克定律，张力是常数；

3. 膜的重量与膜的张力相比很小（小于 0.1）；

4. 膜的偏移与膜的最小直径相比很小（小于 0.1）；

5. 发生偏移后，膜在任一点上的斜率与 1 相比很小；

6. 膜只有横振动.

考察膜的某一小微元. 由前提假设，膜的偏移和斜率都很小，因此这一微元的面积近似地等于它在 xOy 平面内的矩形投影区域的面积 $\Delta x\Delta y$. 如果 T 是每单位长度上的张力大小，则作用在微元各边上的力分别为 $T\Delta x$ 和 $T\Delta y$（图 2.4）.

作用在这一微元上的垂直方向的合力是

$$T\Delta x\sin\beta - T\Delta x\sin\alpha + T\Delta y\sin\delta - T\Delta y\sin\gamma$$

由牛顿第二运动定律

$$T\Delta x(\sin\beta - \sin\alpha) + T\Delta y(\sin\delta - \sin\gamma) = mu_{tt} = \rho\Delta S u_{tt} \tag{2.11}$$

其中 m 是该微元的质量，ρ 是膜的密度，$\Delta S \approx \Delta x\Delta y$ 是该微元的面积，u_{tt} 是膜振动的加速度. 由于斜率很小，因此

$$\sin\alpha \approx \tan\alpha \approx u_y(x_1, y), \sin\beta \approx \tan\beta \approx u_y(x_2, y+\Delta y)$$

$$\sin\delta \approx \tan\delta \approx u_x(x, y_1), \sin\gamma \approx \tan\gamma \approx u_x(x+\Delta x, y_2)$$

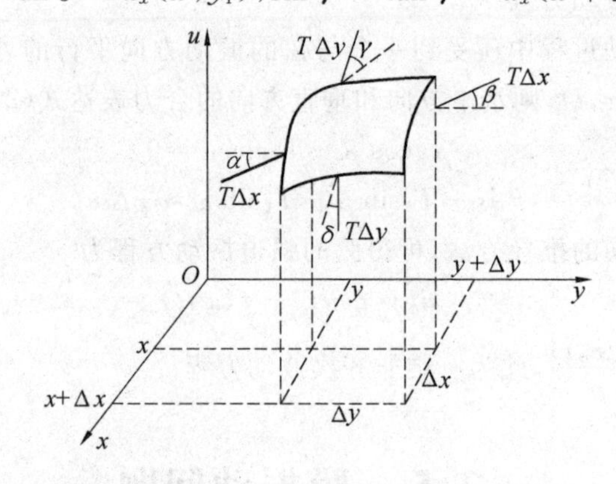

图 2.4　二维膜振动问题

其中 x_1 与 x_2 是介于 $[x, x+\Delta x]$ 的值，y_1 与 y_2 是介于 $[y, y+\Delta y]$ 的值，把这些值代入式（2.11），可得

$$T\Delta x[u_y(x_{2,y}+\Delta y)-u_y(x_1,y)]+$$
$$T\Delta y[u_x(x+\Delta x,y_2)-u_x(x,y_1)]=\rho\Delta x\Delta y u_{tt}$$

上式左右两端同除以 $\rho\Delta x\Delta y$，得

$$\frac{T}{\rho}\left[\frac{u_y(x_2,y+\Delta y)-u_y(x_1,y)}{\Delta y}+\frac{u_x(x+\Delta x,y_2)-u_x(x,y_1)}{\Delta x}\right]=u_{tt}$$

令 Δx，Δy 都趋于零，取极限得

$$u_{tt}=c^2(u_{xx}+u_{yy}) \tag{2.12}$$

其中 $c^2=\dfrac{T}{\rho}$. 这个方程称为二维齐次波动方程.

如果在膜的每单位面积上有外力 $F(x,y,t)$ 作用，则垂直方向上的合力为

$$F\Delta x\Delta y+T\Delta x(\sin\beta-\sin\alpha)+T\Delta y(\sin\delta-\sin\gamma)=mu_{tt}=\rho\Delta S u_{tt} \tag{2.13}$$

类似于上述推导过程，可得膜的强迫振动方程为

$$u_{tt}=c^2(u_{xx}+u_{yy})+f$$

其中 $f=\dfrac{F}{\rho}$. 此为二维非齐次波动方程.

2.6　热传导问题

当一个导热物体内部各处温度不均匀时，热量要从高温处向低温处传递，这种现象叫“热传导”.

考虑三维空间中某一均匀的、各项同性的物体，假定其内部有热源，且与周围没有热交换，求物体内部的温度分布和变化.

在物体中任取一封闭曲面 S，它所包围的区域记为 V，$u(x,y,z,t)$ 表示物体在点 $M(x,y,z)$ 处 t 时刻的温度，$\boldsymbol{n}$ 为曲面的法向单位矢量. 根据热传导的傅里叶定律，物体在无穷小时间 $[t,t+\mathrm{d}t]$ 内，流过无穷小面积元 $\mathrm{d}S$ 的热量 $\mathrm{d}Q$ 与时间 $\mathrm{d}t$、热流通过的横截面积 $\mathrm{d}S$ 以及 u 沿 $\mathrm{d}S$ 的法向的方向导数 $\dfrac{\partial u}{\partial \boldsymbol{n}}$ 成正比，即

$$\mathrm{d}Q=K\frac{\partial u}{\partial \boldsymbol{n}}\mathrm{d}S\mathrm{d}t$$

其中 $K=K(x,y,z)$ 称为物体的热传导系数. 当物体为各向同性的均匀导热体时，K 为常数.

由傅里叶定律知，在任意时间区间 $[t_1,t_2]$ 内，通过曲面 S 流进区域 V 内的热量

为

$$Q_1=\int_{t_1}^{t_2}\left[\iint_S K\frac{\partial u}{\partial \boldsymbol{n}}\mathrm{d}S\right]\mathrm{d}t$$

因此，由奥－高公式可将曲面积分化为三重积分，即

$$Q_1=\int_{t_1}^{t_2}\left[\iint_S K\nabla u\,\mathrm{d}S\right]\mathrm{d}t=\int_{t_1}^{t_2}\left[\iiint_V \nabla\cdot(K\nabla u)\mathrm{d}V\right]\mathrm{d}t=\int_{t_1}^{t_2}\left[\iiint_V K\nabla^2 u\mathrm{d}V\right]\mathrm{d}t$$

另外，流入的热量使得区域 V 内温度升高. 由 t_1 时刻的温度 $u(x,y,z,t_1)$ 变化到 t_2 时刻的温度 $u(x,y,z,t_2)$，需要吸收的热量为

$$Q_2=\iiint_V c\rho[u(x,y,z,t_2)-u(x,y,z,t_1)]\mathrm{d}V=\int_{t_1}^{t_2}\left[\iiint_V c\rho\frac{\partial u}{\partial t}\mathrm{d}V\right]\mathrm{d}t$$

c 是比热，ρ 是物体的密度，对均匀物体来说，c，ρ 都是常数.

由热力学第一定律 —— 热量守恒定律，流入的热量等于物体温度升高所需吸收的热量，有

$$Q_1=Q_2$$

即

$$\int_{t_1}^{t_2}\mathrm{d}t\iiint_V K\nabla^2 u\mathrm{d}V=\int_{t_1}^{t_2}\mathrm{d}t\iiint_V c\rho u_t\mathrm{d}V$$

$$\int_{t_1}^{t_2}\iiint_V[c\rho u_t-K\Delta u]\mathrm{d}V=0 \tag{2.14}$$

假设上述积分中的被积函数是连续的，且 $u(x,y,z,t)$ 对空间有二阶连续偏导数，对时间有一阶连续偏导数，由时间段 $[t_1,t_2]$ 和区域 Ω 的任意性有

$$u_t=k\Delta u$$

其中 $k=\dfrac{K}{c\rho}$，Δ 是拉普拉斯算子. 这个方程称为热传导方程.

如果假定式(2.14)中的被积函数 $c\rho u_t-K\Delta u$ 在 V 内某点 (x_0,y_0,z_0) 处不等于 0，则由连续性，可得被积函数在某一个包围点 (x_0,y_0,z_0) 的小区域上恒不等于零，继而扩充到包括 V 的区域，因此积分 $\int_{t_1}^{t_2}\iiint_V[c\rho u_t-K\Delta u]\mathrm{d}V$ 必不等于零，与式(2.14)矛盾. 于是被积函数处处为零.

如果存在热源，且热源的强度为 $f_0(x,y,z,t)$，则在时间区间 $[t_1,t_2]$ 内热源散发的热量为

$$Q_3=\int_{t_1}^{t_2}\left[\iiint_V \rho f_0\mathrm{d}V\right]\mathrm{d}t$$

因此，由热量守恒定律 $Q_1+Q_3=Q_2$，有

$$\int_{t_1}^{t_2} \mathrm{d}t \iiint_V [\nabla \cdot (k \nabla u) + \rho f_0] \mathrm{d}V = \int_{t_1}^{t_2} \mathrm{d}t \iiint_V c\rho u_t \mathrm{d}V$$

同样假设被积函数是连续的，且 $u(x,y,z,t)$ 对空间有二阶连续偏导数，对时间有一阶连续偏导数，假定物体均匀且各项同性，由时间段$[t_1,t_2]$和区域 V 的任意性有

$$u_t - K\Delta u = f$$

$f=\dfrac{f_0}{c}$. 当 $f>0$ 时，表示热源，当 $f\leqslant 0$ 时，表示热汇.

在某个区域内，若液体或气体物质的浓度不均匀，就会发生物质由高浓度向低浓度扩散的现象，类似地推导可知扩散过程也满足与热传导相同的方程.

2.7　电磁场问题

三维空间的电磁场可以用电场强度 E 与磁场强度 H 两个矢量描述. 它们满足麦克斯韦(Maxwell) 方程组

$$\nabla \cdot E = \frac{\rho}{\varepsilon} \tag{2.15}$$

$$\nabla \cdot H = 0 \tag{2.16}$$

$$\nabla \times H = \sigma E + \varepsilon \frac{\partial E}{\partial t} \tag{2.17}$$

$$\nabla \times E = -\mu \frac{\partial H}{\partial t} \tag{2.18}$$

其中，ρ 是电荷的体密度，ε 是介质的电介常数，σ 为导电率，μ 为导磁率.

在式(2.17) 两端求旋度得

$$\nabla \times \nabla \times H = \varepsilon \frac{\partial}{\partial t}(\nabla \times E) + \sigma \nabla \times E \tag{2.19}$$

将式(2.18) 代入式(2.19)，得

$$\nabla \times \nabla \times H = -\varepsilon\mu H_{tt} - \sigma_{\mu} H_t$$

利用场论公式

$$\nabla \times \nabla \times H = \nabla(\nabla \cdot H) - \Delta H$$

可得到 H 满足的方程为

$$\Delta H = \varepsilon\mu H_{tt} + \sigma\mu H_t \tag{2.20}$$

同理可得 E 满足的方程为

$$\Delta E = \varepsilon\mu E_{tt} + \sigma\mu E_t \tag{2.21}$$

如果介质不导电，即 $\sigma=0$，则方程(2.20) 和方程(2.21) 简化为

$$H_{tt}=\frac{1}{\varepsilon\mu}\Delta H \tag{2.22}$$

$$E_{tt}=\frac{1}{\varepsilon\mu}\Delta E \tag{2.23}$$

此时方程(2.22) 和方程(2.23) 都为三维波动方程. E 和 H 的任意分量 u 都满足波动方程

$$u_{tt}-a^2(u_{xx}+u_{yy}+u_{zz})=0$$

其中 $a=\dfrac{1}{\sqrt{\varepsilon\mu}}$.

如果是静电场，即电场不随时间变化，显然

$$\Delta E=0$$

即 E 的分量 u 都满足

$$\Delta u=0$$

该方程称为拉普拉斯方程. 由式(2.18) 知，静电场的电场强度是无旋的，因而存在电位函数 u，使得 $E=-\nabla u$，将它代入式(2.15) 得

$$\Delta u=-\frac{\rho}{\varepsilon}$$

这一非齐次方程称为泊松方程. 显然，如果静电场是无源的，则它的电位函数满足拉普拉斯方程.

2.8 定解问题及问题的适定性

2.8.1 定解条件和定解问题

2.8.1.1 泛定方程

由前面给出的常微分方程和偏微分方程的具体例子可知，数学物理方程是泛泛地描述它所满足的某一物理过程，不涉及具体的系统和具体的问题，因此称为泛定方程. 比如弦振动方程描述了一切柔软的均匀细弦做微小横振动的运动规律，把满足这一规律的方程称为波动方程. 热传导方程、拉普拉斯方程或泊松方程也分别反映了同一类物理现象的共同规律. 换言之，一类典型方程描述的是某些物理过程的共同规律和特征. 泛定方程的解称为通解. 但是，对于具体的物理问题来说，仅有

微分方程,还不足以完全确定其在具体情况下所满足的特殊性.例如弦的两端固定时或是两端不固定,甚至弦的端点放置弹性支撑,都满足相同的弦振动方程,但由于条件不同,所导致的问题的具体结果是完全不同的.因此,不但要得到具体物理问题所满足的数学物理方程,还要考虑其所处的具体环境,例如边界或是初始状态不同对研究对象造成的影响.描述外界状况和初始状况的约束条件分别称为边界条件和初始条件,统称为定解条件.

偏微分方程和相应的定解条件合在一起构成了一个定解问题.通常情况下,与常微分方程的定解问题求解过程不同,不是先求偏微分方程的通解,然后由定解条件求偏微分方程的定解.因为对于偏微分方程而言,很难找到方程的通解,另一方面,偏微分方程的通解是依赖于任意函数的,不同于常微分方程的通解依赖于任意常数,由定解条件很难确定偏微分方程通解中的任意函数,从而求特解.因此大多数情况下都是直接求满足定解条件的偏微分方程的解.

2.8.1.2　初始条件

如果描述偏微分方程随时间的发展变化,相应系统的初始时刻的状态称为初始条件.

1.弦振动问题

$$u_{tt}=a^2u_{xx}$$

初始条件是弦在初始时刻($t=0$)的位移和速度

$$u(x,0)=\varphi(x)\text{ 或 }u\big|_{t=0}=\varphi(x)$$

$$u_t(x,0)=\psi(x)\text{ 或 }u_t\big|_{t=0}=\psi(x)$$

2.热传导问题

$$u_t=k\Delta u$$

初始条件是指初始时刻物体的温度分布情况

$$u(M,0)=\varphi(M)\text{ 或 }u\big|_{t=0}=\varphi(M)$$

其中 $\varphi(M)$ 表示 $t=0$ 时物体内任一点 M 处的温度.

3.拉普拉斯问题

拉普拉斯方程中未知函数 u 与时间变量无关,所以没有初始条件.

2.8.1.3　边界条件

描述系统边界状况的约束条件称为边界条件.边界条件能确切地说明物体边界所处的物理状态.下面根据边界条件类型不同分别讨论.

1.第一边界条件(狄利克雷(Dirichlet)边界条件)

直接给出未知函数 u 在边界 Γ 上的值,例如 $u|_{\Gamma}=g$,g 代表已知函数.

(1) 弦振动问题

设弦的长度为 l. 如果弦的两端固定(称为固定端),则边界条件为

$$u|_{x=0}=0, u|_{x=l}=0$$

如果弦的两端不固定,而是按照某一规律运动,则边界条件为

$$u|_{x=0}=\mu_1(t), u|_{x=l}=\mu_2(t)$$

(2) 热传导问题

物体与外界接触的表面温度在 t 时刻为 $\varphi(M,t)$,有

$$u(M,t)|_{M\in\Gamma}=\varphi(M,t)$$

当 $\varphi(M,t)\equiv$ 常数时,表示物体表面恒温.

(3) 拉普拉斯问题

直接给出未知函数 $u(x,y,z)$ 在物体边界 Γ 上的变化规律 $\varphi(x_0,y_0,z_0)$,得

$$u(x,y,z)|_{\Gamma}=\varphi(x_0,y_0,z_0)$$

2. 第二边界条件(诺伊曼(Neumann) 条件)

给出未知函数 u 沿 Γ 的单位法线方向 $\boldsymbol{n}$ 的方向导数,有

$$\left.\frac{\partial u}{\partial \boldsymbol{n}}\right|_{\Gamma}=g$$

(1) 弦振动问题

若弦的一端 $x=l$ 可以在垂直于 x 轴的方向做上下自由滑动,且不受垂直方向的外力,称这样的端点为自由端. 由于垂直方向的张力为 $T\sin\alpha=T\frac{\partial u}{\partial x}$ 且 $\frac{\partial u}{\partial \boldsymbol{n}}=\frac{\partial u}{\partial x}$,因此,自由端的边界条件为

$$\left.\frac{\partial u}{\partial x}\right|_{x=l}=0$$

如果 $x=l$ 端在 t 时刻受到垂直于弦线的外力为 $\mu(t)$,则

$$\left.\frac{\partial u}{\partial x}\right|_{x=l}=\mu(t)$$

(2) 热传导问题

若已知物体流过边界的热量,由傅里叶定律可知

$$k\left.\frac{\partial u}{\partial \boldsymbol{n}}\right|_{\Gamma}=-\frac{\mathrm{d}Q}{\mathrm{d}S\mathrm{d}t}=g$$

k 是物体的热传导系数. 若 $g<0$,表示热量流向物体的外部;若 $g>0$,表示热量流向物体的内部;若 $g\equiv 0$,表示物体与周围介质无热交换,即物体在边界 Γ 绝热.

(3) 拉普拉斯问题

给出未知函数 $u(x,y,z)$ 沿物体边界面外法向的变化率(梯度),即

$$\left.\frac{\partial u(x,y,z)}{\partial \boldsymbol{n}}\right|_{\Gamma}=\varphi(x_0,y_0,z_0)$$

$\varphi(x_0,y_0,z_0)$ 为在 Γ 面上的已知函数.

3. 第三边界条件(罗宾(Robin) 条件)

给出边界 Γ 上未知函数 u 与其沿外法线方向的方向导数的线性组合的取值

$$\left.\left(\frac{\partial u}{\partial \boldsymbol{n}}+\sigma u\right)\right|_{\Gamma}=g$$

其中 $\boldsymbol{n}$ 是 Γ 上点 M 处的单位外法矢量,σ 是常数,g 为已知函数.

(1) 弦振动问题

若弦的一端 $x=l$ 处受到弹性支撑,由胡克定律,该端点受到的弹性力是 $ku\,|_{x=l}$,k 是弹性系数. 弦在该端点受到的张力为 $\left.T\frac{\partial u}{\partial x}\right|_{x=l}$,这两个力应该互相平衡,即

$$ku\,|_{x=l}=-\left.T\frac{\partial u}{\partial x}\right|_{x=l}$$

可表示为

$$\left.\left(\frac{\partial u}{\partial x}+\sigma u\right)\right|_{x=l}=0$$

其中 $\sigma=\frac{k}{T}$.

(2) 热传导问题

如果物体与外部有热交换,设外部介质的温度 u_1 比物体温度 u 低,由热传导的牛顿(Newton) 冷却定律,单位时间、单位面积内散失的热量与温度差成正比,即

$$\mathrm{d}Q=h(u-u_1)\mathrm{d}S\mathrm{d}t$$

h 是热交换系数. 又由傅里叶定律,传导的热量为

$$\mathrm{d}Q=-k\frac{\partial u}{\partial \boldsymbol{n}}\mathrm{d}S\mathrm{d}t$$

k 是热传导系数. 这两个热量相等,因此整理为

$$\left.\left(\frac{\partial u}{\partial \boldsymbol{n}}+\sigma u\right)\right|_{\Gamma}=\mu(x,y,z,t)$$

其中 $\sigma=\frac{h}{k}$,$\mu=(\sigma u_1)\,|_{\Gamma}$.

(3) 拉普拉斯问题

给出物体未知函数 u 与外法向导数$\frac{\partial u}{\partial \boldsymbol{n}}$在边界面上的某种线性组合的值

$$\left(\frac{\partial u}{\partial \boldsymbol{n}}+\sigma u\right)\bigg|_{\Gamma}=\varphi(x_0,y_0,z_0)$$

初始条件和边界条件统称为定解条件. 当初始条件或边界条件中与未知函数 u 无关的项恒为零时,称相应的初始条件或边界条件为齐次的,否则称为非齐次的.

2.8.1.4　定解问题

偏微分方程与定解条件构成的问题称为定解问题,由定解条件不同可将定解问题分为初值问题、边值问题以及混合问题.

1. 初值问题(柯西(Cauchy) 问题)

只有泛定方程和初始条件的定解问题称为初值问题(柯西问题),如无限弦长的弦振动问题

$$\begin{cases}u_{tt}=a^2u_{xx},-\infty<x<+\infty,t>0\\u(x,0)=\varphi(x),-\infty<x<+\infty\\u_t(x,0)=\psi(x),-\infty<x<+\infty\end{cases}$$

2. 边值问题

只有泛定方程和边界条件的定解问题称为边值问题,拉普拉斯方程和泊松方程与时间无关,因此这两类方程相应的定解问题只有边值问题.

(1) 第一边值问题

满足第一类边界条件的定解问题称为第一边值问题,也称为狄里克雷问题. 例如

$$\begin{cases}\Delta u=f(x,y,z),(x,y,z)\in\Omega\\u\,|_{\Gamma}=\varphi(x,y,z),(x,y,z)\in\Omega\end{cases}$$

(2) 第二边值问题

满足第二类边界条件的定解问题称为第二边值问题,也称为诺依曼问题. 例如

$$\begin{cases}\Delta u=f(x,y,z),(x,y,z)\in\Omega\\\left.\dfrac{\partial u}{\partial \boldsymbol{n}}\right|_{\Gamma}=\varphi(x,y,z),(x,y,z)\in\Omega\end{cases}$$

(3) 第三边值问题

满足第三类边界条件的定解问题称为第三边值问题,也称为罗宾问题. 例如

$$\begin{cases}\Delta u=f(x,y,z),(x,y,z)\in\Omega\\ \left(\dfrac{\partial u}{\partial \boldsymbol{n}}+\sigma u\right)\Big|_{\Gamma}=\varphi(x,y,z),(x,y,z)\in\Omega\end{cases}$$

3. 混合问题

既满足初始条件又满足边界条件的定解问题称为混合问题. 例如

$$\begin{cases}u_{tt}=a^2u_{xx},0<x<l,t>0\\ u(x,0)=\varphi(x),u_t(x,0)=\psi(x),0\leqslant x\leqslant 1\\ u(0,t)=0,u(l,t)=0,t>0\end{cases}$$

2.8.2　定解问题的适定性概念

数学物理问题提法是否正确,其求解方法以及解的稳定性问题都是数学物理方程关注的焦点问题. 数学家阿达马(Hadamard)在1923年针对数学物理方程(偏微分方程)中的定解问题提出了适定性的概念,称同时满足如下三个条件的数学问题是适定的:

1. 解的存在性:在一定的定解条件下,方程是否有解;

2. 解的唯一性:在一定的定解条件下,方程的解是否唯一;

3. 解的稳定性:当定解条件的偏差在某一小范围内时,相应的定解问题的解的误差是否仍能保持在一定的允许误差范围内,也就是解对定解条件的连续依赖性.

如果三个条件同时成立,则问题称为适定的;如果三个条件中至少有一个不满足,则为不适定的.

从数学角度来看,克服解的不存在性和解的不唯一性,可以通过扩大或缩小解空间而达到. 若第三条的稳定性不满足,那么计算得到的解跟真解相差甚远,只有增加关于解的附加信息才有可能克服这一困难,通常此为研究不适定问题的关键所在. 本课程中遇到的定解问题都是适定的.

实际上,大多数数理问题都是不适定的. 在解释地球物理观测数据的触发下,引发了人们对不适定问题的关注,从而开拓了一个新的研究领域. 例如在识别、遥感、资源勘探、大气测量、疾病诊断、医学图像处理等自然科学与工程技术领域提出了很多微分方程反问题,这些反问题在阿达马的意义下通常是不适定的,不适定问题的研究已成为偏微分方程的一个重要研究方向.

第3章　两个自变量的二阶线性偏微分方程的分类和化简

前面导出的波动方程、热传导方程及拉普拉斯方程三大类典型的方程，虽属特殊方程，但有代表性.这里我们用与二次曲线分类相似的方法从理论上对二阶线性偏微分方程进行分类.

偏微分方程的分类与常微分方程的分类有较大的区别，要复杂的多.例如二阶线性常系数方程在常微分方程中是作为一类问题来考虑的，而在偏微分方程中，仅二阶导数项系数符号不同，方程可能会属于不同类型，性质也可能不同.这里，我们将二阶线性偏微分方程分成三类.而对方程的化简是判断方程类型及求解方程不可或缺的一步，所以先对二阶线性偏微分方程进行分类与化简是必要的.

二阶线性偏微分方程的一般形式为

$$\sum_{i,j=1}^{n} a_{ij} u_{x_i x_j} + \sum_{i=1}^{n} b_i u_{x_i} + cu = f \tag{3.1}$$

其中 a_{ij}，b_i，c 和 f 都是实值函数.当 $n=2$ 时，可改写成

$$au_{xx} + bu_{xy} + cu_{yy} + du_x + eu_y + fu = g \tag{3.2}$$

3.1　两个自变量的二阶线性偏微分方程的分类

考虑两个自变量的二阶线性偏微分方程(3.2)，其中 a,b,c,d,e,f,g 都是 x,y 的连续可微的实值函数，并且 a,b,c 不能同时为零.

在任一点 $(x_0,y_0)\in\Omega$ 的一个邻域内定义判别式

$$\Delta = b^2 - 4ac$$

在任一点 $(x_0,y_0)\in\Omega$ 处，Δ 的符号有三种可能：$\Delta>0$；$\Delta=0$；$\Delta<0$.根据 Δ，将方程(3.2)进行分类.

定义　1.若在 (x_0,y_0) 处，$\Delta>0$，称方程(3.2)在点 (x_0,y_0) 处为双曲型方程.如果方程(3.2)在区域 Ω 内每一点都是双曲型方程，则称方程(3.2)在区域 Ω 上是双曲型方程；

2. 若在(x_0,y_0)处，$\Delta=0$，称方程(3.2)在点(x_0,y_0)处为抛物型方程. 如果方程(3.2)在区域Ω内每一点都是抛物型方程，则称方程(3.2)在区域Ω上是抛物型方程；

3. 若在(x_0,y_0)处，$\Delta<0$，称方程(3.2)在点(x_0,y_0)处为椭圆型方程. 如果方程(3.2)在区域Ω内每一点都是椭圆型方程，则称方程(3.2)在区域Ω上是椭圆型方程.

可见二阶线性偏微分方程的分类与二次曲线的分类非常相似.

波动方程

$$u_{tt}=a^2u_{xx}$$

在$\Omega\in\mathbf{R}^2$上属于双曲型方程；

热传导方程

$$u_t=a^2u_{xx}$$

在$\Omega\in\mathbf{R}^2$上属于抛物型方程；

拉普拉斯方程

$$u_{xx}+u_{yy}=0$$

在$\Omega\in\mathbf{R}^2$上属于椭圆型方程；

3.2　两个自变量的二阶线性偏微分方程的化简

在Ω的一个邻域内，考察变量变换

$$\begin{cases}\xi=\xi(x,y)\\ \eta=\eta(x,y)\end{cases}\tag{3.3}$$

假设它的雅可比(Jacobi)行列式

$$J=\frac{D(\xi,\eta)}{D(x,y)}=\begin{vmatrix}\xi_x & \xi_y\\ \eta_x & \eta_y\end{vmatrix}\neq 0$$

由隐函数定理可知，该变换是可逆的，即存在逆变换$x=x(\xi,\eta)$，$y=y(\xi,\eta)$，直接计算有

$$\begin{cases}u_x=u_\xi\xi_x+u_\eta\eta_x\\ u_y=u_\xi\xi_y+u_\eta\eta_y\\ u_{xx}=u_{\xi\xi}\xi_x^2+2u_{\xi\eta}\xi_x\eta_x+u_{\eta\eta}\eta_x^2+u_\xi\xi_{xx}+u_\eta\eta_{xx}\\ u_{xy}=u_{\xi\xi}\xi_x\xi_y+u_{\xi\eta}(\xi_x\eta_y+\xi_y\eta_x)+u_{\eta\eta}\eta_x\eta_y+u_\xi\xi_{xy}+u_\eta\eta_{xy}\\ u_{yy}=u_{\xi\xi}\xi_y^2+2u_{\xi\eta}\xi_y\eta_y+u_{\eta\eta}\eta_y^2+u_\xi\xi_{yy}+u_\eta\eta_{yy}\end{cases}\tag{3.4}$$

将其代入方程(3.2)得

$$Au_{xx}+Bu_{xy}+Cu_{yy}+Du_x+Eu_y+Fu=G \tag{3.5}$$

其中

$$\begin{cases}A=a\xi_x^2+b\xi_x\xi_y+c\xi_y^2\\ B=2a\xi_x\eta_x+b(\xi_x\eta_y+\xi_y\eta_x)+2c\xi_y\eta_y\\ C=a\eta_x^2+b\eta_x\eta_y+c\eta_y^2\\ D=a\xi_{xx}+b\xi_{xy}+c\xi_{yy}+d\xi_x+e\xi_y\\ E=a\eta_{xx}+b\eta_{xy}+c\eta_{yy}+d\eta_x+e\eta_y\\ F=f\\ G=g\end{cases} \tag{3.6}$$

假设 $abc\neq 0$,我们希望选取一个变换(3.3),使得方程(3.5)中系数 A 和 B 都等于零,则变换后的方程就比原方程简化了许多.因此,为使变换后的方程达到最简形式,只需选择变换 ξ 和 η 使得

$$\begin{cases}A=a\xi_x^2+b\xi_x\xi_y+c\xi_y^2=0\\ C=a\eta_x^2+b\eta_x\eta_y+c\eta_y^2=0\end{cases}$$

注意到式(3.6)中的 A 与 B 有相同的形式,因此只需选择 ξ 和 η 为满足方程

$$a\varphi_x^2+b\varphi_x\varphi_y+c\varphi_y^2=0 \tag{3.7}$$

的两个线性无关解.因此方程(3.7)的解的结构对方程(3.2)的化简至关重要.

假设 $\varphi_x^2+\varphi_y^2\neq 0$,不妨设 $\varphi_y\neq 0$.用 φ_y^2 除方程(3.7)得

$$a\left(\frac{\varphi_x}{\varphi_y}\right)^2+b\frac{\varphi_x}{\varphi_y}+c=0 \tag{3.8}$$

沿着曲线 $\varphi(x,y)=C$(常数)有

$$0=\mathrm{d}\varphi=\varphi_x\mathrm{d}x+\varphi_y\mathrm{d}y$$

于是

$$\frac{\mathrm{d}y}{\mathrm{d}x}=-\frac{\varphi_x}{\varphi_y}$$

方程(3.8)就成为

$$a\left(\frac{\mathrm{d}y}{\mathrm{d}x}\right)^2-b\frac{\mathrm{d}y}{\mathrm{d}x}+c=0$$

或者

$$a\mathrm{d}y^2-b\mathrm{d}x\mathrm{d}y+c\mathrm{d}x^2=0 \tag{3.9}$$

这说明,如果 $\varphi=\varphi(x,y)$ 是方程(3.7)的解,则 $\varphi(x,y)=C$ 是方程(3.9)的一族积分曲

线. 反之,若 $\varphi(x,y)=C$ 是方程(3.9) 的一族积分曲线且 $\varphi_x^2+\varphi_y^2\neq 0$,则 $\varphi=\varphi(x,y)$ 是方程(3.7) 的解. 因此,求解方程(3.7) 等价于求解方程(3.9). 常微分方程(3.9) 称为偏微分方程(3.2) 的特征方程,其积分曲线称为方程(3.2) 的特征线.

记 $\Delta=b^2-4ac$,易证 $\Delta^*=B^2-4AC=\Delta\times J^2$. 因此,在变换(3.3) 之下,$\Delta$ 的符号不变. 我们可以利用 Δ 的符号来讨论方程(3.9).

3.3　化二阶线性偏微分方程为标准型

通过上面的讨论,化二阶线性偏微分方程为标准型问题,与特征方程的特征曲线的存在性有关. 下面分不同情形进行讨论.

1. 在点 $(x_0,y_0)\in\Omega$ 的某邻域内 $\Delta=b^2-4ac>0$. 若方程(3.9) 可分解为

$$\left(\frac{\mathrm{d}y}{\mathrm{d}x}\right)_{1,2}=\frac{b\pm\sqrt{b^2-4ac}}{2a}$$

此时特征方程具有两族不同的积分曲线 $\varphi_1(x,y)=C_1$,$\varphi_2(x,y)=C_2$,且 $\varphi_1(x,y)$ 与 $\varphi_2(x,y)$ 是线性无关的,作变换

$$\xi=\varphi_1(x,y),\eta=\varphi_2(x,y)$$

则 $A=C=0$,$B\neq 0$. 因此方程(3.2) 化简为

$$u_{\xi\eta}=H(\xi,\eta,u,u_\xi,u_\eta) \tag{3.10}$$

方程(3.10) 称作双曲型方程的第一标准型.

在方程(3.10) 中再作变换

$$\xi=s+t,\eta=s-t$$

则方程(3.10) 进一步化简为

$$u_{ss}-u_{tt}=H(s,t,u,u_s,u_t) \tag{3.11}$$

方程(3.11) 称为双曲型方程的第二标准型.

2. 若在点 $(x_0,y_0)\in\Omega$ 的某邻域内 $\Delta=b^2-4ac=0$,且 a,b,c 不全为零(不妨设为 $a\neq 0$),则方程(3.9) 可分解为

$$\frac{\mathrm{d}y}{\mathrm{d}x}=\frac{b}{2a}$$

此时,特征曲线只有一条,记为 $\varphi_1(x,y)=C$. 对任意的 $\varphi_2(x,y)$,只要 $\varphi_1(x,y)$,$\varphi_2(x,y)$ 线性无关,则作变换

$$\xi=\varphi_1(x,y),\eta=\varphi_2(x,y)$$

经计算,得到 $A=0$,$B=0$,$C\neq 0$. 因此,方程(3.2) 化简为

$$u_{\eta\eta}=H(\xi,\eta,u,u_\xi,u_\eta) \tag{3.12}$$

方程(3.12)称为抛物型方程的标准型.

3. 在点$(x_0,y_0)\in\Omega$的某邻域内,$\Delta=b^2-4ac<0$.此时方程(3.9)不存在实的特征线,但特征方程(3.9)存在两个共轭复根.利用$\left(\frac{dy}{dx}\right)_{1,2}=\frac{b\pm i\sqrt{b^2-4ac}}{2a}$解出方程(3.9)的两个通积分

$$\begin{cases}\Phi=\varphi(x,y)+i\psi(x,y)=C_1\\ \Psi=\varphi(x,y)+i\psi(x,y)=C_2\end{cases}$$

其中$\varphi(x,y)$与$\psi(x,y)$都是实值函数.如果$\varphi_x^2+\psi_y^2\neq0$,可以证明$\varphi(x,y)$和$\psi(x,y)$线性无关.作变换

$$\xi=\varphi(x,y),\eta=\psi(x,y)$$

经化简得

$$u_{\xi\xi}-u_{\eta\eta}=H(\xi,\eta,u,u_\xi,u_\eta) \tag{3.13}$$

方程(3.13)称为椭圆型方程的标准型.

例 3.3.1 特里科米(Tricomi)方程

$$yu_{xx}+u_{yy}=0,y\neq0$$

解 考察方程的类型$a=y,b=0,c=1,\Delta=b^2-4ac=-4y$.

当$y>0$时,方程是椭圆型的.

特征方程为

$$y\mathrm{d}y^2+\mathrm{d}x^2=0$$

即

$$\mathrm{d}x\pm i\sqrt{y}\,\mathrm{d}y=0$$

首次积分得$x\pm i\frac{2}{3}y^{\frac{3}{2}}=c$,所以可作变换

$$\begin{cases}\xi=x\\ \eta=\frac{2}{3}y^{\frac{3}{2}}\end{cases}$$

经过计算可得

$$u_{xx}=u_{\xi\xi},u_{yy}=y(u_{\eta\eta}+\frac{1}{3\eta}u_\eta)$$

于是,我们可以得到方程的标准形式

$$u_{\xi\xi}+u_{\eta\eta}+\frac{1}{3\eta}u_\eta=0$$

当 $y<0$ 时,方程是双曲型的.

特征方程为

$$y\mathrm{d}y^2+\mathrm{d}x^2=0$$

即

$$\mathrm{d}x\pm\sqrt{-y}\,\mathrm{d}y=0$$

首次积分得 $x\pm\frac{2}{3}y^{\frac{3}{2}}=c$,所以可作变换

$$\begin{cases}\xi=x-\frac{2}{3}(-y)^{\frac{3}{2}}\\ \eta=x+\frac{2}{3}(-y)^{\frac{3}{2}}\end{cases}$$

经过计算可以得到方程的标准形式

$$u_{\xi\eta}-\frac{1}{6(\xi-\eta)}(u_\xi-u_\eta)=0$$

例 3.3.2　方程

$$x^2u_{xx}+2xyu_{xy}+y^2u_{yy}=0,xy\neq 0$$

解　考察方程的类型 $a=x^2,b=xy,c=y^2,\Delta=b^2-4ac=-4x^2y^2=0$,因此方程是抛物型的.

特征方程为

$$x^2\mathrm{d}y^2-xy\mathrm{d}x\mathrm{d}y+y^2\mathrm{d}x^2=0$$

即

$$\frac{\mathrm{d}y}{\mathrm{d}x}=\frac{y}{x}$$

首次积分得 $\frac{y}{x}=c$,所以可作变换

$$\begin{cases}\xi=\frac{y}{x}\\ \eta=y\end{cases}$$

经过计算可得到方程的标准形式 $u_{\eta\eta}=0$.

习题 3

1. 判断下列方程的类型，并化成标准型：

(a) $u_{xx}+2\cos x u_{xy}-\sin^2 x u_{yy}-\sin x u_y=0$；

(b) $e^{2x}u_{xx}+2e^{x+y}u_{xy}+e^{2y}u_{yy}=0$；

(c) $(1+x^2)u_{xx}+(1+y^2)u_{yy}+xu_x+yu_y=0$.

2. 判断下列方程的类型，并化成标准型：

(a) $u_{xx}+y^2u_{yy}=0$；

(b) $xu_{xx}+u_{yy}=x^2$；

(c) $u_{xx}-yu_{xy}+xu_x+yu_y+u=0$.

3. 判断下列方程的类型，并化成标准型：

(a) $2u_{xx}-4u_{xy}+2u_{yy}+3u=0$；

(b) $u_{xy}+2u_{yy}+9u_x+u_y=2$；

(c) $u_{xx}-x^2u_{yy}+3u=0$；

(d) $u_{xx}-6u_{xy}+10u_{yy}+u_x-3u_y=0$.

第4章　特征线积分法

求解常微分方程定解问题,通常先求通解,然后代入定解条件求特解.但是对偏微分方程而言,由于偏微分方程中通解很难定义,即便求得通解,由定解条件确定通解中的任意函数的特解也是非常困难的.因此这种先求通解再求特解的方法一般行不通,仅适用于少数特殊情况.本章介绍的特征线积分法,主要用来求解无界区域上波动方程的定解问题这一特殊情况.主要思路是通过坐标变换,利用特征线求偏微分方程的通解(依赖于任意函数),然后用定解条件确定任意函数的具体形式,通过积分求特解.此外还将简单介绍杜阿梅尔(Duhamel)原理求解非齐次波动方程,以及讨论二维、三维波动方程的解法.

4.1　达朗贝尔(D'Alembert)公式

本节以一维波动方程为例,考虑特征线积分法求波动方程满足初始条件的特解

$$\begin{cases} u_{tt}=a^2u_{xx}, -\infty<x<+\infty, t>0 & (4.1) \\ u(x,0)=\varphi(x), -\infty<x<+\infty & (4.2) \\ u_t(x,0)=\psi(x), -\infty<x<+\infty & (4.3) \end{cases}$$

问题(4.1)～(4.3)描述了无限弦长的振动问题.$\varphi(x)$是初位移,$\psi(x)$是初速度,此定解问题为初值问题(或柯西问题).

解　(1)$\Delta=b^2-4ac=4a^2>0$,式(4.1)是双曲型方程.

(2) 与式(4.1)等价的特征方程是

$$\mathrm{d}x^2-a^2\mathrm{d}t^2=0$$

求得特征解或特征线为

$$x-at=c_1, x+at=c_2$$

令

$$\begin{cases} \xi=x-at \\ \eta=x+at \end{cases} \tag{4.4}$$

将新坐标(4.4)代入方程(4.1),利用复合函数求导法则,可得

$$u_{\xi\eta}=0$$

对上式关于ξ和η依次积分,得到

$$u(\xi,\eta)=f_1(\xi)+f_2(\eta)$$

即

$$u(x,t)=f_1(x-at)+f_2(x+at) \tag{4.5}$$

这里f_1和f_2是任意二次连续可微函数.式(4.5)是方程(4.1)的通解.

下面将初始条件(4.2)与(4.3)代入通解(4.5),确定任意函数f_1和f_2,得

$$u(x,0)=f_1(x)+f_2(x)=\varphi(x) \tag{4.6}$$

$$u_t(x,0)=-af'_1(x)+af'_2(x)=\psi(x) \tag{4.7}$$

将式(4.7)从x_0到x积分,得

$$f_1(x)-f_2(x)=-\frac{1}{a}\int_{x_0}^{x}\psi(\alpha)\mathrm{d}\alpha+C \tag{4.8}$$

其中C是常数.联立式(4.6)和式(4.8),得到f_1和f_2的表达式分别为

$$f_1(x)=\frac{1}{2}\varphi(x)-\frac{1}{2a}\int_{x_0}^{x}\psi(\alpha)\mathrm{d}\alpha+\frac{C}{2}$$

$$f_2(x)=\frac{1}{2}\varphi(x)+\frac{1}{2a}\int_{x_0}^{x}\psi(\alpha)\mathrm{d}\alpha-\frac{C}{2}$$

将f_1和f_2的表达式代入通解(4.5)中得到一维波动方程满足初始条件的定解问题的特解

$$u(x,t)=\frac{1}{2}[\varphi(x+at)+\varphi(x-at)]+\frac{1}{2a}\int_{x-at}^{x+at}\psi(\alpha)\mathrm{d}\alpha \tag{4.9}$$

此式称为达朗贝尔公式或达朗贝尔解.

注意到一维波动方程的解$u(x,t)$是由初位移和初速度表示的,因此解的存在性、唯一性和稳定性都可以得到证明,因此柯西问题是适定的.另外,波动方程的通解(4.5)表示为两个二次可微函数$f_1(x-at)$和$f_2(x+at)$的和,其中

$$u_1(x,t)=f_1(x-at) \tag{4.10}$$

当$t=0$初始时刻,$u_1(x,0)=f_1(x)$对应于初始振动状态,经过一段时间$t=t_0$后

$$u_1(x,t_0)=f_1(x-at_0)$$

在$x-u$平面上,相当于波形向右平移了一段距离at_0.齐次波动方程的形如式(4.10)的解所描述的波形为以速度a向右传播的波,称为右行波.同样齐次波动方程的形如$f_2(x+at)$的解所描述的波形为以速度a向左传播的波,称为左行波.因此波动方程的通解(4.5)表示左行波和右行波的叠加.

此外，由达朗贝尔公式(4.9)可知，柯西问题(4.1)～(4.3)的解 $u(x,t)$ 仅依赖于 x 轴的区间 $[x-at,x+at]$ 上的初始条件，而与其他点上的初始条件无关. 称区间 $[x-at,x+at]$ 为点 (x,t) 的依赖区间，即过点 (x,t) 分别作斜率为 $\pm\frac{1}{a}$ 的直线与 x 轴所交而得的区间(图 4.1).

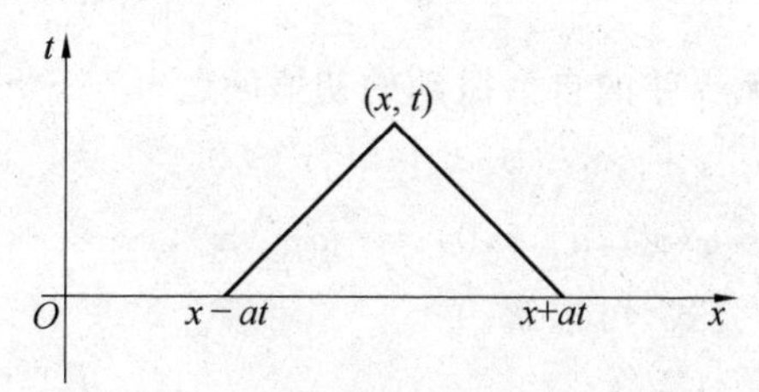

图 4.1　柯西问题解的依赖区间

由前面分析可知，波动方程的通解是以速度 a 向两个方向传播的波的叠加. 因此，初始时刻的拨动只在一有限区间 $[x_1,x_2]$ 上存在，经过时间 t 后，波传到的范围由不等式

$$x_1-at\leqslant x\leqslant x_2+at,t>0$$

限定，此范围外弦处于静止状态. 因此由这一不等式所确定的区域称为区间 $[x_1,x_2]$ 的影响区域. 特别地，当区间 $[x_1,x_2]$ 缩为一点 x_0 时，点 x_0 的影响区域为

$$x_0-at\leqslant x\leqslant x_0+at,t>0$$

作图可表示为过点 x_0 两条斜率各为 $\pm\frac{1}{a}$ 的直线 x_0-at 和 x_0+at 所夹的角形区域(图 4.2).

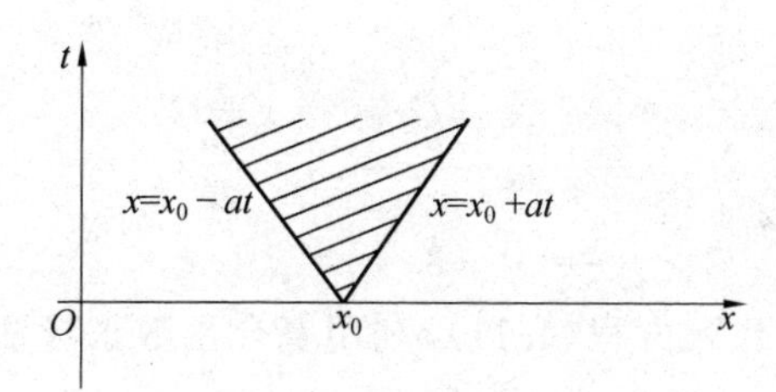

图 4.2　柯西问题解的影响区间

例 4.1.1　求解无界弦的自由振动的初值问题

$$\begin{cases}u_{tt}=4u_{xx},-\infty<x<+\infty,t>0\\u(x,0)=\sin x,u_t(x,0)=\cos x,-\infty<x<+\infty\end{cases}$$

解　由达朗贝尔公式，可求解

$$u(x,t)=\frac{1}{2}[\varphi(x-at)+\varphi(x+at)]+\frac{1}{2a}\int_{x-at}^{x+at}\psi(\xi)\mathrm{d}\xi$$
$$=\frac{1}{2}[\sin(x-2t)+\sin(x+2t)]+\frac{1}{4}\int_{x-2t}^{x+2t}\cos\xi\mathrm{d}\xi$$
$$=\sin x\cos 2t+\frac{1}{2}\cos x\sin 2t$$

例 4.1.2 求解无界弦的自由振动的初值问题

$$\begin{cases}u_{tt}=a^2u_{xx},-\infty<x<+\infty,t>0\\u(x,0)=\varphi(x),u_t(x,0)=-a\varphi'(x),-\infty<x<+\infty\end{cases}$$

解 由达朗贝尔公式,可求解

$$u(x,t)=\frac{1}{2}[\varphi(x-at)+\varphi(x+at)]+\frac{1}{2a}\int_{x-at}^{x+at}\psi(\xi)\mathrm{d}\xi$$
$$=\frac{1}{2}[\varphi(x-at)+\varphi(x+at)]-\frac{1}{2}[\varphi(x+at)-\varphi(x-at)]$$
$$=\varphi(x-at)$$

此为一右行波.

例 4.1.3 求解定解问题

$$\begin{cases}u_{xx}+2u_{xy}-3u_{yy}=0,-\infty<x<+\infty,y>0 & (4.11)\\u(x,0)=3x^2,u_y(x,0)=0,-\infty<x<+\infty & (4.12)\end{cases}$$

解 $\Delta=b^2-4ac>0$,方程(4.11)是一个双曲型方程.

特征方程为

$$\mathrm{d}y^2-2\mathrm{d}x\mathrm{d}y-3\mathrm{d}x^2=0$$

其特征线为

$$y-3x=C_1,y+x=C_2$$

令

$$\xi=y-3x,\eta=y+x \tag{4.13}$$

将新变量(4.13)代入方程(4.11),利用复合函数求导法则,将原方程(4.11)化为标准型

$$u_{\xi\eta}=0$$

通解为

$$u(\xi,\eta)=f_1(\xi)+f_2(\eta)$$

其中 f_1 和 f_2 是两个任意二次连续可微的函数.因此原坐标系下的通解为

$$u(x,y)=f_1(y-3x)+f_2(y+x) \tag{4.14}$$

由条件(4.12)得到

$$f_1(-3x)+f_2(x)=3x^2 \tag{4.15}$$

$$f'_1(-3x)+f'_2(x)=0 \tag{4.16}$$

对式(4.16)积分得

$$-\frac{1}{3}f_1(-3x)+f_2(x)=C \tag{4.17}$$

联立式(4.15)和式(4.17)解得

$$f_1(-3x)=\frac{9}{4}x^2-\frac{3}{4}C$$

$$f_2(x)=\frac{3}{4}x^2+\frac{3}{4}C$$

将 $f_1(x)$ 和 $f_2(x)$ 的表达式代入式(4.14),可得定解问题(4.11)与(4.12)的解

$$u(x,y)=\frac{1}{4}(y-3x)^2+\frac{3}{4}(y+x)^2=3x^2+y^2$$

例 4.1.4　求解柯西问题

$$\begin{cases}u_{xx}+yu_{yy}+\frac{1}{2}u_y=0,y<0,-\infty<x<+\infty & (4.18)\\ u(x,0)=\tau(x) & (4.19)\\ |\, u_y \,|_{y=0}\, |<+\infty & (4.20)\end{cases}$$

解　$\Delta=-4y>0(y<0)$,方程(4.18)是双曲型方程.

特征方程为

$$\mathrm{d}y^2+y\mathrm{d}x^2=0$$

则两族特征线为

$$x-2\sqrt{-y}=C_1,x+2\sqrt{-y}=C_2$$

令

$$\begin{cases}\xi=x-2\sqrt{-y}\\ \eta=x+2\sqrt{-y}\end{cases} \tag{4.21}$$

将式(4.21)代入方程(4.18),可解得

$$u_{\xi\eta}=0$$

因此,方程(4.18)的通解为

$$u(x,y)=\varphi(\xi)+\psi(\eta)=\varphi(x-2\sqrt{-y})+\psi(x+2\sqrt{-y})$$

将条件(4.19)与(4.20)分别代入上述通解,解得

$$u(x,0)=\varphi(x)+\psi(x)=\tau(x) \tag{4.22}$$

$$|u_y|_{y=0}|=\left|\frac{1}{\sqrt{-y}}[\varphi'(x-2\sqrt{-y})-\psi'(x+2\sqrt{-y})]\right|_{y=0}\left|<+\infty\right. \tag{4.23}$$

因此

$$\varphi'(x)-\psi'(x)=0$$

积分后得到

$$\varphi(x)-\psi(x)=C \tag{4.24}$$

由条件(4.22)与(4.24),有

$$\varphi(x)=\frac{1}{2}\tau(x)+\frac{C}{2},\psi(x)=\frac{1}{2}\tau(x)-\frac{C}{2}$$

则

$$u(x,y)=\frac{1}{2}[\tau(x-2\sqrt{-y})+\tau(x+2\sqrt{-y})]$$

例 4.1.5 求解定解问题(图 4.3)

$$\begin{cases}u_{tt}=u_{xx},\ |x|<t,-\infty<x<+\infty & (4.25)\\ u|_{l_1}=\varphi(x) & (4.26)\\ u|_{l_2}=\psi(x) & (4.27)\end{cases}$$

其中 $\varphi(0)=\psi(0)$,且

$$l_1:t-x=0,l_2:t+x=0$$

解 l_1 和 l_2 恰为两条特征线,方程(4.25)的通解为

$$u(x,t)=f_1(x+t)+f_2(x-t) \tag{4.28}$$

由条件(4.26)与(4.27),有

$$u|_{l_1}=u|_{t-x=0}=f_1(2x)+f_2(0)=\varphi(x)$$
$$u|_{l_2}=u|_{t+x=0}=f_1(0)+f_2(2x)=\psi(x)$$

所以

$$f_1(x)=\varphi\left(\frac{x}{2}\right)-f_2(0)$$

$$f_2(x)=\psi\left(\frac{x}{2}\right)-f_1(0)$$

$$f_1(0)+f_2(0)=\varphi(0)=\psi(0)$$

则

$$u(x,t)=f_1(x+t)+f_2(x-t)=\psi\left(\frac{x-t}{2}\right)+\varphi\left(\frac{x+t}{2}\right)-\psi(0)$$

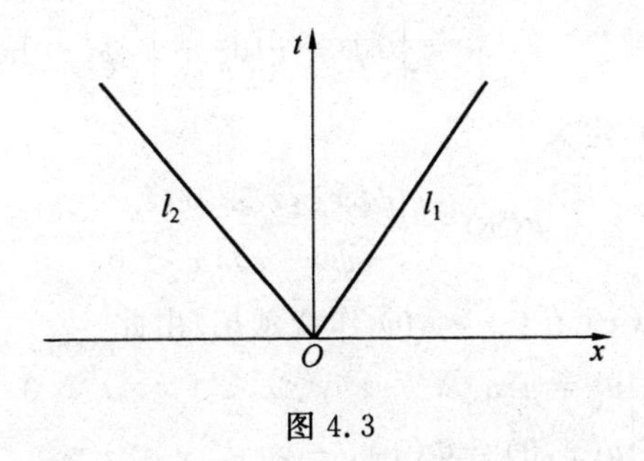

图 4.3

4.2　半无界弦及有界弦的振动问题

问题(4.1) ~ (4.3) 描述了无限弦长的振动问题. 如果所考虑的问题是半无界弦的自由振动问题,上节的达朗贝尔公式就不适用了. 因此,需要将半无界区域问题转化为无界区域的问题,采用延拓法求解

$$\begin{cases}u_{tt}=a^2u_{xx},0<x<+\infty,t>0 & (4.29)\\ u(x,0)=\varphi(x),0\leqslant x<+\infty & (4.30)\\ u_t(x,0)=\psi(x),0\leqslant x<+\infty & (4.31)\\ u(0,t)=0,t\geqslant 0 & (4.32)\end{cases}$$

注意到 $x>0$ 时,问题(4.1) ~ (4.3) 与问题(4.29) ~ (4.31) 一致. 定义 $x<0$ 的区间函数,使之满足条件(4.32). 由达朗贝尔公式

$$u(x,t)=\frac{1}{2}[\varphi(x+at)+\varphi(x-at)]+\frac{1}{2a}\int_{x-at}^{x+at}\psi(\tau)\mathrm{d}\tau$$

当 $x=0$ 时

$$u(0,t)=\frac{1}{2}[\varphi(at)+\varphi(-at)]+\frac{1}{2a}\int_{-at}^{at}\psi(\tau)\mathrm{d}\tau=0$$

其中 $\varphi(-at)=\varphi(at)$,令 $x=-at<0$,则

$$\varphi(x)=-\varphi(-x)$$

即定义

$$\Phi(x)=\begin{cases}\varphi(x),x\geqslant 0\\ -\varphi(-x),x<0\end{cases}$$

另外

$$\int_{-at}^{at}\psi(\tau)\mathrm{d}\tau=\int_{-at}^{0}\psi(\tau)\mathrm{d}\tau+\int_{0}^{at}\psi(\tau)\mathrm{d}\tau$$

$$=\int_{0}^{at}\psi(-\tau)\mathrm{d}\tau+\int_{0}^{at}\psi(\tau)\mathrm{d}\tau=0$$

所以，$\psi(\tau)=-\psi(-\tau)$，定义

$$\Psi(x)=\begin{cases}\psi(x),x\geqslant 0\\-\psi(-x),x<0\end{cases}$$

即初始函数 $\varphi(x)$ 和 $\psi(x)$ 在$(-\infty,0)$ 作奇延拓. 由此

$$\begin{cases}u_{tt}=a^2u_{xx},-\infty<x<+\infty,t>0\\u(x,0)=\Phi(x),-\infty<x<+\infty\\u_t(x,0)=\Psi(x),-\infty<x<+\infty\end{cases}$$

由达朗贝尔公式解得

$$u(x,t)=\frac{1}{2}[\Phi(x-at)+\Phi(x+at)]+\frac{1}{2a}\int_{x-at}^{x+at}\Psi(\tau)\mathrm{d}\tau$$

可验证此解满足原问题(4.29) ～ (4.31)，且

$$u(0,t)=\frac{1}{2}[\Phi(-at)+\Phi(at)]+\frac{1}{2a}\int_{-at}^{at}\Psi(\tau)\mathrm{d}\tau$$

$$=\frac{1}{2}[-\varphi(at)+\varphi(at)]+\frac{1}{2a}\left[\int_{-at}^{0}-\psi(-\tau)\mathrm{d}\tau+\int_{0}^{at}\psi(\tau)\mathrm{d}\tau\right]$$

$$=0$$

下面求解问题(4.29) ～ (4.32) 的解 $u(x,t)$.

1. 当 $x>at$ 时

$$u(x,t)=\frac{1}{2}[\Phi(x-at)+\Phi(x+at)]+\frac{1}{2a}\int_{x-at}^{x+at}\Psi(\tau)\mathrm{d}\tau$$

$$=\frac{1}{2}[\varphi(x-at)+\varphi(x+at)]+\frac{1}{2a}\int_{x-at}^{x+at}\psi(\tau)\mathrm{d}\tau$$

2. 当 $0<x<at$ 时

$$u(x,t)=\frac{1}{2}[\Phi(x-at)+\Phi(x+at)]+\frac{1}{2a}\int_{x-at}^{x+at}\Psi(\tau)\mathrm{d}\tau$$

$$=\frac{1}{2}[-\varphi(at-x)+\varphi(x+at)]+\frac{1}{2a}\int_{x-at}^{0}-\psi(-\tau)\mathrm{d}\tau+\frac{1}{2a}\int_{0}^{x+at}\psi(\tau)\mathrm{d}\tau$$

$$=\frac{1}{2}[\varphi(x+at)-\varphi(at-x)]+\frac{1}{2a}\int_{at-x}^{x+at}\psi(\tau)\mathrm{d}\tau$$

若边界条件(4.32) 变为第二边界条件

$$\begin{cases} u_{tt}=a^2u_{xx},0<x<+\infty,t>0 & (4.33)\\ u(x,0)=\varphi(x),0\leqslant x<+\infty & (4.34)\\ u_t(x,0)=\psi(x),0\leqslant x<+\infty & (4.35)\\ u_x(0,t)=0,t\geqslant 0 & (4.36)\end{cases}$$

仍考虑用延拓法将其延拓到整个 x 轴求解. 当 $x>0$ 时，问题(4.1) ～(4.3)与问题(4.33) ～(4.35) 一致，定义 $x<0$ 的区间函数，使之满足条件(4.36). 由达朗贝尔公式

$$u(x,t)=\frac{1}{2}[\varphi(x+at)+\varphi(x-at)]+\frac{1}{2a}\int_{x-at}^{x+at}\psi(\tau)\mathrm{d}\tau$$

当 $x=0$ 时

$$\begin{aligned} u_x(0,t)&=\frac{1}{2}[\varphi'(x+at)+\varphi'(x-at)]\big|_{x=0}+\frac{1}{2a}[\psi(x+at)-\psi(x-at)]\big|_{x=0}\\ &=\frac{1}{2}[\varphi'(at)+\varphi'(-at)]+\frac{1}{2a}[\psi(at)-\psi(-at)]=0\end{aligned}$$

即

$$\varphi'(-at)=-\varphi'(at),\psi(-at)=\psi(at)$$

令 $x=-at<0,\varphi'(x)=-\varphi'(-x)$，所以

$$\varphi(x)=\varphi(-x),\psi(x)=\psi(-x)$$

定义

$$\Phi(x)=\begin{cases}\varphi(x),x\geqslant 0\\ \varphi(-x),x<0\end{cases}$$

$$\Psi(x)=\begin{cases}\psi(x),x\geqslant 0\\ \psi(-x),x<0\end{cases}$$

即初始函数 $\varphi(x)$ 和 $\psi(x)$ 在$(-\infty,0)$ 作偶延拓. 由此

$$\begin{cases} u_{tt}=a^2u_{xx},-\infty<x<+\infty,t>0\\ u(x,0)=\Phi(x),-\infty<x<+\infty\\ u_t(x,0)=\Psi(x),-\infty<x<+\infty\end{cases}$$

由达朗贝尔公式解得

$$u(x,t)=\frac{1}{2}[\Phi(x-at)+\Phi(x+at)]+\frac{1}{2a}\int_{x-at}^{x+at}\Psi(\tau)\mathrm{d}\tau$$

可验证此解满足原问题(4.33) ～(4.36).

下面求解问题(4.33) ～(4.36) 的解 $u(x,t)$.

1. 当 $x>at$ 时

$$u(x,t)=\frac{1}{2}[\Phi(x-at)+\Phi(x+at)]+\frac{1}{2a}\int_{x-at}^{x+at}\Psi(\tau)\mathrm{d}\tau$$
$$=\frac{1}{2}[\varphi(x-at)+\varphi(x+at)]+\frac{1}{2a}\int_{x-at}^{x+at}\psi(\tau)\mathrm{d}\tau$$

2. 当 $0<x<at$ 时

$$u(x,t)=\frac{1}{2}[\Phi(x-at)+\Phi(x+at)]+\frac{1}{2a}\int_{x-at}^{x+at}\Psi(\tau)\mathrm{d}\tau$$
$$=\frac{1}{2}[\varphi(at-x)+\varphi(x+at)]+\frac{1}{2a}\int_{x-at}^{0}\psi(-\tau)\mathrm{d}\tau+\frac{1}{2a}\int_{0}^{x+at}\psi(\tau)\mathrm{d}\tau$$
$$=\frac{1}{2}[\varphi(at-x)+\varphi(x+at)]+\frac{1}{2a}\left[\int_{0}^{at-x}\psi(\tau)\mathrm{d}\tau+\int_{0}^{x+at}\psi(\tau)\mathrm{d}\tau\right]$$

若问题考虑的是有界弦的自由振动问题

$$\begin{cases}u_{tt}=a^2u_{xx},0<x<L,t>0\\u(x,0)=\varphi(x),0\leqslant x\leqslant L\\u_t(x,0)=\psi(x),0\leqslant x\leqslant L\\u(0,t)=0,u(L,t)=0,t\geqslant 0\end{cases}$$

仍类似上述方法，将其作周期延拓到$[0,+\infty)$后，再由边界条件确定向区间$(-\infty,0]$作奇或偶延拓.

4.3　杜阿梅尔原理及非齐次问题的求解

前面讨论了自由弦振动的初值问题，并给出了解的表达式 —— 达朗贝尔公式. 本节将考虑无界弦在受迫振动下的初值问题

$$\begin{cases}u_{tt}=a^2u_{xx}+f(x,t),-\infty<x<+\infty,t>0 & (4.37)\\u(x,0)=0,u_t(x,0)=0,-\infty<x<+\infty & (4.38)\end{cases}$$

这是仅由强迫力引起的振动. 下面考虑把非齐次方程的求解问题转化为与之相应的齐次方程的求解问题，利用齐次方程的解求得该问题的结果.

由第二章波动方程的推导过程可知，$f(x,t)=\dfrac{F(x,t)}{\rho}$是在$t$时刻，在点$x$处单位质量所受的外力，$\dfrac{\partial u}{\partial t}$是弦振动的速度. 力$f(x,t)$是持续作用的，从零时刻一直延续到$t$时刻. 将时间段$[0,t]$分成若干小的时间段$\Delta t_j(j=1,2,\cdots,l)$，$\Delta t_j$很小，在每个小的时间段$\Delta t_j$中，$f(x,t)$看作是一个与$t$无关的恒量，记为$f(x,t_j)$. 由动量定律可知，力的冲量等于动量的变化量. 考虑单位质量$m=1$的弦在外力$f(x,t_j)$作用

下引起的振动,即

$$f(x,t_j)\Delta t_j = m\Delta v = \Delta v$$

把这个速度的改变量看作是在时刻 $t=t_j$ 弦振动的初始速度,它所引起的振动在弦线中的传播可由满足非齐次初始条件的齐次方程来描述

$$\begin{cases}\tilde{\omega}_{tt} = a^2\tilde{\omega}_{xx}, -\infty < x < +\infty, t > t_j \\ \tilde{\omega}\mid_{t=t_j} = 0, \tilde{\omega}_t\mid_{t=t_j} = f(x,t_j)\Delta t_j, -\infty < x < +\infty\end{cases}$$

由叠加原理,$[0,t]$ 这段时间内,$f(x,t)$ 所产生的总效果可看成是一系列无数个瞬时波的叠加,因此非齐次问题(4.37)与(4.38)的解为

$$u(x,t) = \lim_{\Delta t_j \to 0}\sum_{j=1}^{t}\tilde{\omega}(x,t;t_j)$$

如果记 $\omega(x,t;\tau)$ 为如下齐次方程的定解问题的解

$$\begin{cases}\omega_{tt} = a^2\omega_{xx}, -\infty < x < +\infty, t > \tau & (4.39) \\ \omega\mid_{t=\tau} = 0, \omega_t\mid_{t=\tau} = f(x,\tau), -\infty < x < +\infty & (4.40)\end{cases}$$

则

$$\tilde{\omega}(x,t;t_j) = \Delta t_j\omega(x,t;t_j)$$

于是式(4.37)与(4.38)的解为

$$u(x,t) = \lim_{\Delta t_j \to 0}\sum_{j=1}^{t}\tilde{\omega}(x,t;t_j) = \lim_{\Delta t_j \to 0}\sum_{j=1}^{l}\omega(x,t;t_j)\Delta t_j = \int_0^t \omega(x,t;\tau)\mathrm{d}\tau \quad (4.41)$$

由此得到齐次化原理(杜阿梅尔),若 $\omega(x,t;\tau)$ 是初值问题(4.39)与(4.40)的解,则

$$u(x,t) = \int_0^t \omega(x,t;\tau)\mathrm{d}\tau$$

是问题(4.37)与(4.38)的解.

下面验证式(4.41)确实是非齐次问题(4.37)与(4.38)的解.

(1) 显然 $u\mid_{t=0} = 0$;

(2) $u_t = \omega(x,t;\tau) + \int_0^t \frac{\partial\omega(x,t;\tau)}{\partial t}\mathrm{d}\tau = \int_0^t \frac{\partial\omega(x,t;\tau)}{\partial t}\mathrm{d}\tau$,因此,$u_t\mid_{t=0} = 0$;

(3)

$$\frac{\partial^2 u}{\partial t^2} = \left.\frac{\partial\omega(x,t;\tau)}{\partial t}\right|_{t=\tau} + \int_0^t \frac{\partial^2\omega(x,t;\tau)}{\partial t^2}\mathrm{d}\tau$$

$$\frac{\partial^2 u}{\partial x^2} = \int_0^t \frac{\partial^2\omega(x,t;\tau)}{\partial x^2}\mathrm{d}\tau$$

因为 $\omega(x,t;\tau)$ 是式(4.39)与(4.40)的解,则

$$u_{tt}=f(x,\tau)+\int_0^t \frac{\partial^2\omega(x,t;\tau)}{\partial t^2}\mathrm{d}\tau$$
$$=f(x,\tau)+\int_0^t a^2\frac{\partial^2\omega(x,t;\tau)}{\partial x^2}\mathrm{d}\tau$$
$$=f(x,\tau)+a^2u_{xx}$$

由此证明$u(x,t)=\int_0^t\omega(x,t;\tau)\mathrm{d}\tau$是定解问题(4.37)与(4.38)的解. 由达朗贝尔公式,可得式(4.39)与(4.40)的解

$$\omega(x,t;\tau)=\frac{1}{2a}\int_{x-a(t-\tau)}^{x+a(t-\tau)}f(\xi,\tau)\mathrm{d}\tau$$

继而,非齐次波动方程问题(4.37)与(4.38)的解为

$$u(x,t)=\frac{1}{2a}\int_0^t\mathrm{d}\tau\int_{x-a(t-\tau)}^{x+a(t-\tau)}f(\xi,\tau)\mathrm{d}\xi$$

进一步考虑具有任意初始条件的无界弦强迫振动问题

$$\begin{cases}W_{tt}=a^2W_{xx}+f(x,t),-\infty<x<+\infty,t>0 & (4.42)\\ W(x,0)=\varphi(x),W_t(x,0)=\psi(x),-\infty<x<+\infty & (4.43)\end{cases}$$

由叠加原理,几种不同原因综合所产生的效果等于这些不同原因单独产生的效果的累加. 由此认为该受迫振动的初值问题可分解为仅受强迫力引起的振动和仅由初始条件引起的振动. 令

$$W(x,t)=u(x,t)+v(x,t)$$

其中$u(x,t)$是仅受强迫力引起的振动,即非齐次初值问题(4.37)与(4.38),有

$$\begin{cases}u_{tt}=a^2u_{xx}+f(x,t),-\infty<x<+\infty,t>0\\ u(x,0)=0,u_t(x,0)=0,-\infty<x<+\infty\end{cases}$$

的解

$$u(x,t)=\frac{1}{2a}\int_0^t\mathrm{d}\tau\int_{x-a(t-\tau)}^{x+a(t-\tau)}f(\xi,\tau)\mathrm{d}\xi$$

$v(x,t)$是仅由初始条件引发的振动,满足齐次方程初值问题

$$\begin{cases}v_{tt}=a^2v_{xx},-\infty<x<+\infty,t>0\\ v(x,0)=\varphi(x),v_t(x,0)=\psi(x),-\infty<x<+\infty\end{cases}$$

的解. 由达朗贝尔公式

$$v(x,t)=\frac{1}{2}[\varphi(x+at)+\varphi(x-at)]+\frac{1}{2a}\int_{x-at}^{x+at}\psi(\alpha)\mathrm{d}\alpha$$

因此

$$W(x,t)=u(x,t)+v(x,t)$$

$$=\frac{1}{2a}\int_0^t \mathrm{d}\tau\int_{x-a(t-\tau)}^{x+a(t-\tau)} f(\xi,\tau)\mathrm{d}\xi+\frac{1}{2}[\varphi(x+at)+$$

$$\varphi(x-at)]+\frac{1}{2a}\int_{x-at}^{x+at}\psi(\alpha)\mathrm{d}\alpha$$

齐次化原理也可以用于求解波动方程或输运方程的混合问题，但无论边界条件是第一、二类，还是第三类边界条件，哪怕端点的边界条件类型不同，都必须是齐次的.

例 4.3.1　求解下列定解问题

$$\begin{cases}u_{tt}-u_{xx}=t\sin x,-\infty<x<+\infty,t>0\\ u\mid_{t=0}=0,u_t\mid_{t=0}=\sin x,-\infty<x<+\infty\end{cases}$$

解　由叠加原理，令

$$u(x,t)=u_1(x,t)+u_2(x,t)$$

则原问题可分解为如下两个定解问题：

$$(1)\begin{cases}u_{1tt}=u_{1xx}\\ u_1\mid_{t=0}=0,u_{1t}\mid_{t=0}=\sin x\end{cases};$$

$$(2)\begin{cases}u_{2tt}-u_{2xx}=t\sin x\\ u_2\mid_{t=0}=0,u_{2t}\mid_{t=0}=0\end{cases}.$$

由达朗贝尔公式求得问题(1) 的解

$$u_1(x,t)=\frac{1}{2}[\varphi(x-at)+\varphi(x+at)]+\frac{1}{2a}\int_{x-at}^{x+at}\psi(\xi)\mathrm{d}\xi$$

$$=\frac{1}{2}\int_{x-t}^{x+t}\sin\xi\mathrm{d}\xi=\sin x\sin t$$

然后由齐次化原理求问题(2) 的解，先求

$$\begin{cases}\omega_{tt}=\omega_{xx},-\infty<x<+\infty,t>\tau\\ \omega\mid_{t=\tau}=0,\omega_t\mid_{t=\tau}=\tau\sin x,-\infty<x<+\infty\end{cases}$$

由达朗贝尔公式得

$$\omega(x,t;\tau)=\frac{1}{2}\{\varphi[x+(t-\tau)]+\varphi[x-(t-\tau)]\}+\frac{1}{2}\int_{x-(t-\tau)}^{x+(t-\tau)}\tau\sin x\mathrm{d}x$$

$$=\frac{\tau}{2}\int_{x-(t-\tau)}^{x+(t-\tau)}\sin x\mathrm{d}x=\tau\sin x\sin(t-\tau)$$

则问题(2) 的解为

$$u_2(x,t)=\int_0^t\omega(x,t;\tau)\mathrm{d}\tau=\int_0^t\tau\sin x\sin(t-\tau)\mathrm{d}\tau$$

$$=(t-\sin t)\sin x$$

所以原定解问题的解为

$$u(x,t)=u_1(x,t)+u_2(x,t)=\sin x\sin t+(t-\sin t)\sin x=t\sin x$$

4.4 三维波动方程

前面讨论了一维齐次、非齐次问题的求解，本节考虑三维无限空间中的波动方程柯西问题

$$\begin{cases}u_{tt}=a^2(u_{xx}+u_{yy}+u_{zz}),-\infty<x,y,z<+\infty,t>0 & (4.44)\\ u(x,y,z,0)=\varphi(x,y,z),-\infty<x,y,z<+\infty & (4.45)\\ u_t(x,y,z,0)=\psi(x,y,z),-\infty<x,y,z<+\infty & (4.46)\end{cases}$$

$\varphi(x,y,z)$ 和 $\psi(x,y,z)$ 分别表示初始位移和初始速度.

从定解问题来看，三维和一维形式相似，那么能否认为它们的求解方式也相似呢？

首先将一维波动方程的达朗贝尔公式解改写为如下形式

$$u(x,t)=\frac{\partial}{\partial t}\left[\frac{t}{2at}\int_{x-at}^{x+at}\varphi(\xi)\mathrm{d}\xi\right]+\frac{t}{2at}\int_{x-at}^{x+at}\psi(\xi)\mathrm{d}\xi$$

上式右端两个积分形式相同，令 $v(x,t)=\frac{1}{2at}\int_{x-at}^{x+at}\omega(\xi)\mathrm{d}\xi$，表示函数 $\omega(\xi)$ 在区间 $[x-at,x+at]$ 上的算术平均值，积分值的大小与区间的中点 x 和区间的半径长 at 有关. 令

$$\begin{aligned}u(x,t)&=\frac{\partial}{\partial t}\left[\frac{t}{2at}\int_{x-at}^{x+at}\varphi(\xi)\mathrm{d}\xi\right]+\frac{t}{2at}\int_{x-at}^{x+at}\psi(\xi)\mathrm{d}\xi\\&=u_2(x,t)+u_1(x,t)\end{aligned}$$

其中

$$u_1(x,t)=tv(x,t)$$

此时相当于将 $v(x,t)$ 表达式中的 $\omega(\xi)$ 替换为 $\psi(\xi)$，且

$$u_2(x,t)=\frac{\partial}{\partial t}[tv(x,t)]$$

此时相当于将 $v(x,t)$ 表达式中的 $\omega(\xi)$ 替换为 $\varphi(\xi)$. 可验证

$$u_{1tt}=a^2u_{1xx},u_{2tt}=a^2u_{2xx}$$

且

$$u_1(x,0)=0,u_{1t}(x,0)=\psi(x)$$
$$u_2(x,0)=\varphi(x),u_{2t}(x,0)=0$$

因此

$$u(x,t)=u_1(x,t)+u_2(x,t)$$

是波动方程定解问题

$$\begin{cases}u_{tt}=a^2u_{xx},-\infty<x<+\infty,t>0\\u(x,0)=\varphi(x),-\infty<x<+\infty\\u_t(x,0)=\psi(x),-\infty<x<+\infty\end{cases}$$

的解.

因此,仿一维波动方程柯西问题的解构造三维波动方程柯西问题的解.作任意函数 $\omega(x,y,z)$ 在球面

$$(\xi-x)^2+(\eta-y)^2+(\zeta-z)^2=(at)^2$$

上的平均值.应用球坐标系,以点 $M(x,y,z)$ 为球心,at 为半径,$P(\xi,\eta,\zeta)$ 为该球面上的任意一点,于是有表达式

$$\begin{cases}\xi=x+at\sin\theta\cos\gamma,0\leqslant\theta\leqslant\pi,0\leqslant\gamma\leqslant2\pi\\\eta=y+at\sin\theta\sin\gamma,0\leqslant\theta\leqslant\pi,0\leqslant\gamma\leqslant2\pi\\\zeta=z+at\cos\theta,0\leqslant\theta\leqslant\pi\end{cases}$$

面积元

$$\mathrm{d}S=a^2t^2\sin\theta\mathrm{d}\theta\mathrm{d}\gamma,\mathrm{d}\sigma=\sin\theta\mathrm{d}\theta\mathrm{d}\gamma$$

函数 $\omega(x,y,z)$ 在上述球面的平均值可以表示为

$$\begin{aligned}v(x,y,z,t)&=\frac{1}{4\pi a^2t^2}\int_0^{2\pi}\int_0^{\pi}\omega(\xi,\eta,\zeta)\mathrm{d}S\\&=\frac{1}{4\pi}\int_0^{2\pi}\int_0^{\pi}\omega(\xi,\eta,\zeta)\mathrm{d}\sigma\end{aligned}\tag{4.47}$$

因此,当 ω 替换为 ψ 时,$u_1=tv$ 为三维波动方程满足初始条件 $u_t|_{t=0}=\psi$ 的解;当 ω 替换为 φ 时,$u_2=\frac{\partial}{\partial t}[tv]$ 为三维波动方程满足初始条件 $u|_{t=0}=\varphi$ 的解,所以

$$\begin{aligned}u=u_2+u_1&=\frac{\partial}{\partial t}\left[\frac{t}{4\pi a^2t^2}\int_0^{2\pi}\int_0^{\pi}\varphi(\xi,\eta,\zeta)\mathrm{d}S\right]+\frac{t}{4\pi a^2t^2}\int_0^{2\pi}\int_0^{\pi}\psi(\xi,\eta,\zeta)\mathrm{d}S\\&=\frac{\partial}{\partial t}\left[\frac{1}{4\pi a^2t}\int_0^{2\pi}\int_0^{\pi}\varphi(\xi,\eta,\zeta)\mathrm{d}S\right]+\frac{1}{4\pi a^2t}\int_0^{2\pi}\int_0^{\pi}\psi(\xi,\eta,\zeta)\mathrm{d}S\\&=\frac{1}{4\pi a}\left[\frac{\partial}{\partial t}\iint_{S_{at}^M}\frac{\varphi}{r}\bigg|_{r=at}\mathrm{d}S+\iint_{S_{at}^M}\frac{\psi}{r}\bigg|_{r=at}\mathrm{d}S\right]\end{aligned}$$

称为求解三维波动方程问题的泊松公式.

4.5 降维法

二维波动方程问题

$$\begin{cases} u_{tt}=a^2(u_{xx}+u_{yy}),-\infty<x,y<+\infty,t>0 & (4.48)\\ u(x,y,0)=\varphi(x,y),-\infty<x,y<+\infty & (4.49)\\ u_t(x,y,0)=\psi(x,y),-\infty<x,y<+\infty & (4.50)\end{cases}$$

可以把它看作是三维波动方程问题在二维平面上的投影，利用降维法求解（图4.4）.

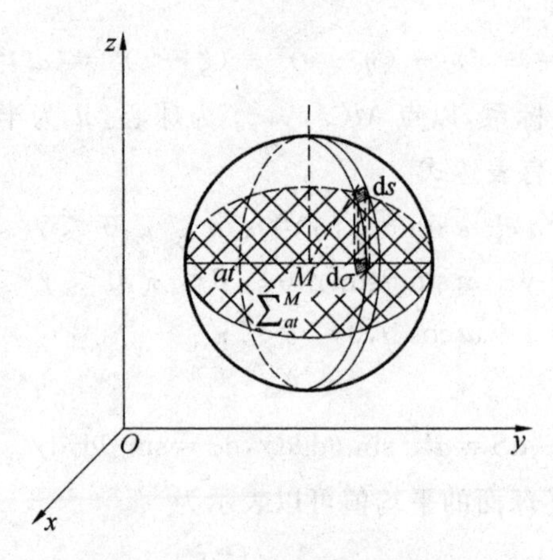

图 4.4 球面在平面上的投影

三维问题的解考虑了球面积分，将其化为在超平面 z 等于常数上的投影 $\sum_{at}^{M}$：$(\xi-s)^2+(\eta-y)^2\leqslant a^2t^2$ 上面的积分. 或者，反过来说，在二维情况下，问题的解 $u(x,y,t)$ 与 z 无关，因此可以把 $u(x,y,t)$ 看作是高一维空间中的函数 $\tilde{u}(x,y,z,t)$，因此满足三维波动方程

$$\tilde{u}_{tt}=a^2(\tilde{u}_{xx}+\tilde{u}_{yy}+\tilde{u}_{zz})$$

且初始函数 $\varphi(x,y)$ 和 $\psi(x,y)$ 与 z 无关，也可看作空间 (x,y,z) 中的函数

$$\tilde{u}\big|_{t=0}=\varphi(x,y),\tilde{u}_t\big|_{t=0}=\psi(x,y)$$

由三维泊松公式可得

$$\tilde{u}=\frac{1}{4\pi a}\left[\frac{\partial}{\partial t}\iint_{S_{at}^M}\frac{\varphi}{r}\bigg|_{r=at}\mathrm{d}S+\iint_{S_{at}^M}\frac{\psi}{r}\bigg|_{r=at}\mathrm{d}S\right]$$

三维球面上的面积元 $\mathrm{d}S$ 与其在二维平面上的投影面积微元 $\mathrm{d}\sigma$ 之间存在着如下的

关系

$$\mathrm{d}\sigma = \mathrm{d}S\cos\theta$$

其中 θ 是两个面积元法向之间的夹角

$$\cos\theta = \frac{\sqrt{(at)^2-(\xi-s)^2-(\eta-y)^2}}{at}$$

由于三维球面的对称性,上下两个半球都在二维平面上有投影,因此上下球面积分对应着同一个平面上的积分,因此

$$u(x,y,t)=\tilde{u}(x,y,z,t)=\frac{1}{2\pi a}\left[\frac{\partial}{\partial t}\iint_{\Sigma_{at}^{M}}\frac{\varphi(\xi,\eta)\mathrm{d}\xi\mathrm{d}\eta}{\sqrt{(at)^2-(\xi-x)^2-(\eta-y)^2}}+\iint_{\Sigma_{at}^{M}}\frac{\psi(\xi,\eta)\mathrm{d}\xi\mathrm{d}\eta}{\sqrt{(at)^2-(\xi-x)^2-(\eta-y)^2}}\right]$$

$$=\frac{1}{2\pi a}\left[\frac{\partial}{\partial t}\int_0^{at}\int_0^{2\pi}\frac{\varphi(x+r\cos\gamma,y+r\sin\gamma)}{\sqrt{(at)^2-r^2}}r\mathrm{d}\gamma\mathrm{d}r+\int_0^{at}\int_0^{2\pi}\frac{\psi(x+r\cos\gamma,y+r\sin\gamma)}{\sqrt{(at)^2-r^2}}r\mathrm{d}\gamma\mathrm{d}r\right]$$

称为二维波动方程柯西问题的泊松公式.

类似地,可以利用降维法由二维波动方程的泊松公式得到一维波动方程的达朗贝尔公式.

4.6 MATLAB 求解

考虑无限长的弦振动问题(4.1) ~ (4.3),其解为达朗贝尔公式

$$u(x,t)=\frac{1}{2}[\varphi(x+at)+\varphi(x-at)]+\frac{1}{2a}\int_{x-at}^{x+at}\psi(\alpha)\mathrm{d}\alpha$$

通过 MATLAB 表现弦的振动情况.

1. 初位移 $\varphi(x)\neq 0$,初速度 $\psi(x)=0$ 时,设初位移 $\varphi(x)$ 为

$$\varphi(x)=\begin{cases}\sin 6\pi x, \dfrac{1}{2}\leqslant x\leqslant\dfrac{2}{3}\\ 0, \text{其他}\end{cases}$$

表示弦中间的一段驻波,由达朗贝尔公式得

$$u(x,t)=\frac{1}{2}[\varphi(x+at)+\varphi(x-at)]$$

先画出 $\varphi(x)$ 的图形,再用 $x+at$ 或 $x-at$ 替代其中的 x,随着时间 t 的变化,画出

不同时刻 $\varphi(x+at)$，$\varphi(x-at)$ 的图形. 设定义区间为[0,1]，取 120 个点将其离散. 程序如下：

```
≫ u(1:120)=0;
≫ x=linspace(0,1,120);
≫ u(61:80)=0.05*sin(6*pi*x(61:80));
≫ uu=u;
≫ h=plot(x,u,'linewidth',3);
≫ axis([0,1,-0.05,0.05]);
≫ set(h,'EraseMode','xor')
≫ for   at=2:40
≫ lu(1:120)=0;ru(1:120)=0;
≫ lx=[41:80]-at;rx=[41:80]+at;
≫ lu(lx)=0.5*uu(41:80);ru(rx)=0.5*uu(41:80);
≫ u=lu+ru;
≫ set(h,'XData',x,'YData',u);
≫ drawnow;
≫ pause(0.1)
≫ end
```

图 4.5 是某几个时刻的弦振动图形.

2. 初位移 $\varphi(x)=0$，初速度 $\psi(x)\neq 0$ 时，设初速度为

$$\psi(x)=\begin{cases}1,0\leqslant x\leqslant 1\\0,\text{其他}\end{cases}$$

由达朗贝尔公式求得

$$u(x,t)=\frac{1}{2a}\int_{x-at}^{x+at}\psi(\xi)\mathrm{d}\xi=\frac{1}{2a}\int_{-\infty}^{x+at}\psi(\xi)\mathrm{d}\xi-\frac{1}{2a}\int_{-\infty}^{x-at}\psi(\xi)\mathrm{d}\xi$$

由初始条件得

$$\frac{1}{2a}\int_{-\infty}^{x+at}\psi(\xi)\mathrm{d}\xi=\begin{cases}0,x+at\leqslant 0\\ \dfrac{1}{2a}(x+at),0\leqslant x+at\leqslant 1\\ \dfrac{1}{2a},1\leqslant x+at\end{cases}$$

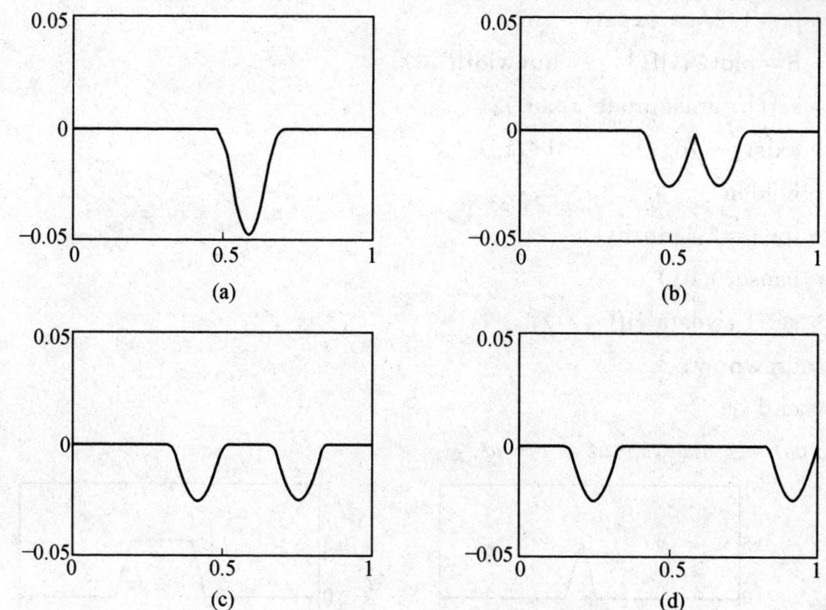

图 4.5　初位移非零初速度为零时弦振动问题在各时刻的解

$$\frac{1}{2a}\int_{-\infty}^{x-at}\psi(\xi)\mathrm{d}\xi=\begin{cases}0, x-at\leqslant 0\\ \dfrac{1}{2a}(x-at), 0\leqslant x-at\leqslant 1\\ \dfrac{1}{2a}, 1\leqslant x-at\end{cases}$$

图 4.6 是某几个时刻的弦振动图形. MATLAB 程序如下：

```
≫ t=0:0.005:8;x=-10:0.1:10;a=1;
≫ [X,T]=meshgrid(x,t);

≫ xpat=X+a*T;
≫ xpat(find(xpat<=0))=0;
≫ xpat(find(xpat>=1))=1;

≫ xmat=X-a*T;
≫ xmat(find(xmat<=0))=0;
≫ xmat(find(xmat>=1))=1;
```

```
≫ jf=1/2/a*(xpat-xmat);
≫ h=plot(x,jf(1,:),'linewidth',3);
≫ set(h,'erasemode','xor');
≫ axis([-10  10  -1  1])
≫ holdon
≫ for j=2:length(t)
≫ pause(0.01)
≫ set(h,'ydata',jf(j,:));
≫ drawnow;
≫ end
```

其中 $xpat=x+at$，$xmat=x-at$.

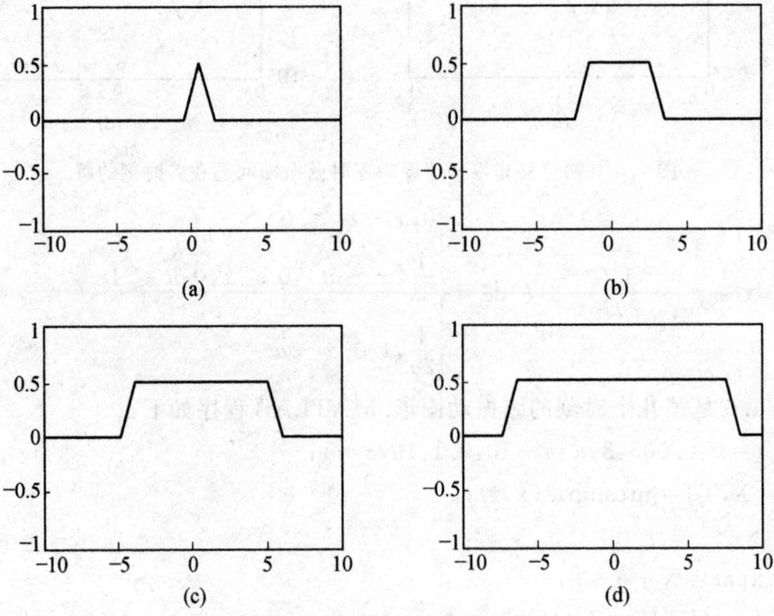

图 4.6　初位移为零初速度非零时弦振动问题在各时刻的解

习题 4

1. 求解古尔沙问题

$$\begin{cases} u_{tt}=u_{xx},\ |x|<t,-\infty<x<+\infty \\ u|_{l_1}=\sin x \\ u|_{l_2}=x \end{cases}$$

2. 求解如下问题

$$\begin{cases} u_{xx}+yu_{yy}+\frac{1}{2}u_y=0,y<0 \\ u|_{l_1}=\varphi_1(x),0\leqslant x\leqslant\frac{1}{2} \\ u|_{l_2}=\varphi_2(x),\frac{1}{2}\leqslant x\leqslant 1 \end{cases}$$

其中 $\varphi_1\left(\frac{1}{2}\right)=\varphi_2\left(\frac{1}{2}\right)$，且

$$l_1:x-2\sqrt{-y}=0,l_2:x+2\sqrt{-y}=1$$

3. 求解如下问题

$$\begin{cases} u_{xx}+yu_{yy}+\frac{1}{2}u_y=0,y<0,x>0 \\ u(x,0)=\varphi_1(x) \\ u|_{l_1}=\varphi_2(x) \end{cases}$$

其中 $\varphi_1(0)=\varphi_2(0)$，且

$$l_1:x-2\sqrt{-y}=0$$

4. 求解如下初值问题：

(a) $\begin{cases} u_{xx}-3u_{xy}+2u_{yy}=0,-\infty<x<+\infty,y>0 \\ u(x,0)=\mathrm{e}^{2x},u_y|_{y=0}=\mathrm{e}^{2x} \end{cases}$；

(b) $\begin{cases} u_{xx}+2u_{xy}-3u_{yy}=0,-\infty<x<+\infty,y>0 \\ u(x,0)=3\sin 2x+2\cos 3x,u_y|_{y=0}=2\sin 3x+6\cos 2x \end{cases}$；

(c) $\begin{cases} u_{xx}+2u_{xy}-3u_{yy}=0,-\infty<x<+\infty,y>0 \\ u(x,0)=4x^2,u_y|_{y=0}=4\sin 3x \end{cases}$.

5. 求解广义柯西问题

$$\begin{cases} u_{xx}+2\cos x u_{xy}-\sin^2 x u_{yy}-\sin x u_y=0,-\infty<x<+\infty,y>0 \\ u\big|_{y=\sin x}=\varphi(x),-\infty<x<+\infty \\ u_y\big|_{y=\sin x}=\psi(x),-\infty<x<+\infty \end{cases}$$

6. 求解半无界区域上波动方程的定解问题：

(a) $\begin{cases} u_{tt}=u_{xx},0<x<+\infty,t>0 \\ u(x,0)=u_t(x,0)=0,0\leqslant x<+\infty \\ u(0,t)=\dfrac{t}{1+t},t\geqslant 0 \end{cases}$；

(b) $\begin{cases} u_{tt}=a^2u_{xx},x>0,t>0 \\ u(x,0)=\varphi(x),u_t(x,0)=\psi(x),x\geqslant 0 \\ u_x(0,t)=\sin\omega t,t\geqslant 0 \end{cases}$.

7. 求解非齐次柯西问题：

(a) $\begin{cases} u_{tt}=u_{xx}+t\cdot\cos x,-\infty<x<+\infty,t>0 \\ u(x,0)=\sin x,-\infty<x<+\infty \\ u_t(x,0)=\cos x,-\infty<x<+\infty \end{cases}$；

(b) $\begin{cases} u_{tt}=a^2u_{xx}+xt,-\infty<x<+\infty,t>0 \\ u(x,0)=0,-\infty<x<+\infty \\ u_t(x,0)=\dfrac{1}{1+x^2},-\infty<x<+\infty \end{cases}$；

(c) $\begin{cases} u_{tt}=a^2u_{xx}+t\sin x,-\infty<x<+\infty,t>0 \\ u(x,0)=0,-\infty<x<+\infty \\ u_t(x,0)=\sin 3x,-\infty<x<+\infty \end{cases}$；

(d) $\begin{cases} u_{tt}=u_{xx}+u_{yy}+u_{zz}+x-t,-\infty<x,y,z<+\infty,t>0 \\ u(x,y,z,0)=0,-\infty<x,y,z<+\infty \\ u_t(x,y,z,0)=xy+z,-\infty<x,y,z<+\infty \end{cases}$.

8. 求解三维波动方程柯西问题：

(a) $\begin{cases} u_{tt}=a^2(u_{xx}+u_{yy}+u_{zz}),-\infty<x,y,z<+\infty,t>0 \\ u(x,y,z,0)=x^2+y^2,-\infty<x,y,z<+\infty \\ u_t(x,y,z,0)=0,-\infty<x,y,z<+\infty \end{cases}$；

(b) $\begin{cases} u_{tt}=u_{xx}+u_{yy}+u_{zz}+2xyz,-\infty<x,y,z<+\infty,t>0 \\ u(x,y,z,0)=x^2+y^2-2z^2,-\infty<x,y,z<+\infty \\ u_t(x,y,z,0)=1,-\infty<x,y,z<+\infty \end{cases}$；

$$(c)\begin{cases}u_{tt}=a^2(u_{xx}+u_{yy}+u_{zz}),-\infty<x,y,z<+\infty,t>0\\u(x,y,z,0)=x^3+y^2z,-\infty<x,y,z<+\infty\\u_t(x,y,z,0)=0,-\infty<x,y,z<+\infty\end{cases}.$$

9. 求解二维波动方程柯西问题：

$$(a)\begin{cases}u_{tt}=a^2(u_{xx}+u_{yy}),-\infty<x,y<+\infty,t>0\\u(x,y,0)=x^3+y,-\infty<x,y<+\infty\\u_t(x,y,0)=0,-\infty<x,y<+\infty\end{cases};$$

$$(b)\begin{cases}u_{tt}=a^2(u_{xx}+u_{yy}),-\infty<x,y<+\infty,t>0\\u(x,y,z,0)=x^3(y+x),-\infty<x,y<+\infty.\\u_t(x,y,0)=0,-\infty<x,y<+\infty\end{cases}$$

10. 利用降维法求解一维波动方程柯西问题

$$\begin{cases}u_{tt}=a^2u_{xx},-\infty<x<+\infty,t>0\\u(x,0)=\varphi(x),-\infty<x<+\infty\\u_t(x,0)=\psi(x),-\infty<x<+\infty\end{cases}$$

11. 利用齐次化原理导出二维非齐次波动方程问题

$$\begin{cases}u_{tt}=a^2(u_{xx}+u_{yy})+f(x,y,t),(x,y)\in R^2,t>0\\u(x,y,0)=0,(x,y)\in R^2\\u_t(x,y,0)=0,(x,y)\in R^2\end{cases}$$

的求解公式.

第 5 章　斯图姆－刘维尔(Sturm-Liouville)问题

本章主要讨论齐次线性常微分方程及与其相伴的齐次边界条件所构成的边值问题.

很多问题都涉及求解本征值的问题.所谓本征值问题,是指常微分方程或偏微分方程在一定边界条件下的解的一系列的本征值和相应的本征函数.方程满足特定边界条件的非零解(或称非平凡解)往往是不存在的,除非方程的参数取某些特定的值.这些特定的值叫作本征值,相应的非零解叫作本征函数.求方程的本征值和本征函数的问题也就称作本征值问题,即在一定的边界条件下,求含参变量的齐次常微分方程的非零解的问题.同时,本章也将介绍本征值的一些结论,即斯图姆－刘维尔问题的一般理论.

5.1　斯图姆－刘维尔本征值问题

任何一个含参数 λ 的二阶线性常微分方程都可以化成如下的形式

$$c_1(x)\frac{\mathrm{d}^2u}{\mathrm{d}x^2}+c_2(x)\frac{\mathrm{d}u}{\mathrm{d}x}+[c_3(x)+\lambda]u=0 \tag{5.1}$$

如果在方程(5.1)中引入变换

$$p(x)=\exp\left[\int\frac{c_2(x)}{c_1(x)}\right],q(x)=\frac{c_3(x)}{c_1(x)}p(x),s(x)=\frac{1}{c_1(x)}p(x) \tag{5.2}$$

就可得到

$$\frac{\mathrm{d}}{\mathrm{d}x}\left(p(x)\frac{\mathrm{d}u}{\mathrm{d}x}\right)+[q(x)+\lambda s(x)]u=0,a\leqslant x\leqslant b \tag{5.3}$$

这个方程称为斯图姆－刘维尔方程,简称为 S-L 方程.

在斯图姆－刘维尔方程(5.3)中,λ 是与 x 无关的参数,$p(x)$ 在区间$[a,b]$内连续可微,$q(x)$,$s(x)$ 在区间$[a,b]$内连续.

如果区间$[a,b]$有界，且在区间$[a,b]$内，$p(x)>0$，$s(x)>0$，称方程(5.3)是正则的，其解也是正则的，否则称其为奇异的.

若定义线性微分算子

$$L=\frac{\mathrm{d}}{\mathrm{d}x}\left(p(x)\frac{\mathrm{d}}{\mathrm{d}x}\right)+q(x) \tag{5.4}$$

则方程(5.3)可以写成

$$Lu+\lambda s(x)u=0 \tag{5.5}$$

S-L 方程(5.3)连同边界条件

$$\begin{cases}\alpha_1 u(a)+\beta_1 u'(a)=0\\ \alpha_2 u(b)+\beta_2 u'(b)=0\end{cases} \tag{5.6}$$

(式中 $\alpha_1,\beta_1,\alpha_2,\beta_2$ 是实常数，且 $\alpha_1^2+\beta_1^2>0$，$\alpha_2^2+\beta_2^2>0$)构成斯图姆－刘维尔问题.

此外还有一种线性齐次边界条件，即：

当 $p(x)$ 在端点处的取值相等，即 $p(a)=p(b)$ 时，给定周期性边界条件

$$\begin{cases}u(a)=u(b)\\ u'(a)=u'(b)\end{cases} \tag{5.7}$$

S-L 方程连同周期性边界条件构成周期斯图姆－刘维尔问题.

在讨论斯图姆－刘维尔问题的性质之前，先导出拉格朗日恒等式.

设函数 $u(x)$，$v(x)$ 在区间$[a,b]$具有一阶连续导数，在区间(a,b)具有二阶连续导数，则由分部积分公式得到

$$\begin{aligned}\int_a^b vLu\,\mathrm{d}x&=\int_a^b[v(pu')'+vqu]\mathrm{d}x\\&=[v(x)p(x)u'(x)]\big|_a^b-\int_a^b(v'(x)p(x)u'(x)-v(x)q(x)u(x))\mathrm{d}x\\&=[v(x)p(x)u'(x)-v'(x)p(x)u(x)]\big|_a^b+\int_a^b u(x)Lv(x)\mathrm{d}x\end{aligned}$$

因此，有

$$\int_a^b[vLu-uLv]\mathrm{d}x=p(x)[u'(x)v(x)-u(x)v'(x)]\big|_a^b \tag{5.8}$$

式(5.8)称为拉格朗日恒等式.

其中上式右端称为斯图姆－刘维尔问题的边界项. 若 u,v 都满足边界条件(5.6)或(5.7)，易证拉格朗日恒等式(5.8)为零. 例如，若 u,v 都满足式(5.6)，则在 $x=b$ 处，有

$$\begin{cases} \alpha_1 u(b) + \beta_1 u'(b) = 0 \\ \alpha_2 v(b) + \beta_2 v'(b) = 0 \end{cases} \tag{5.9}$$

式(5.9)是关于α_1,β_1的齐次线性方程组，由于α_1,β_1不全为零，故系数行列式

$$\begin{vmatrix} u(b) & u'(b) \\ v(b) & v'(b) \end{vmatrix} \tag{5.10}$$

即

$$-(u'(b)v(b) - u(b)v'(b)) = 0 \tag{5.11}$$

同理，有

$$-(u'(a)v(a) - u(a)v'(a)) = 0 \tag{5.12}$$

从而，式(5.8)为零.

也就是说，u,v都满足式(5.6)或式(5.7)时，拉格朗日恒等式成为

$$\int_a^b (vLu - uLv)\mathrm{d}x = 0 \tag{5.13}$$

式(5.13)称为自共轭关系式. 自共轭关系式成立的斯图姆－刘维尔问题称作自共轭斯图姆－刘维尔问题. 正则斯图姆－刘维尔问题，周期斯图姆－刘维尔问题都是自共轭斯图姆－刘维尔问题.

其次，对于奇异的S-L方程和适当的边界条件，构成奇异斯图姆－刘维尔问题.

若S-L方程(5.3)是奇异的，如$p(a)=0,p(b)\neq 0$，则在$x=a$处可以给定自然边界条件(有界边界条件)，此时S-L方程的边界条件为

$$\begin{cases} |u(a)| < \infty \\ \alpha_2 u(b) + \beta_2 u'(b) = 0 \end{cases} \tag{5.14}$$

其中α_2,β_2为实数，且$\alpha_2^2+\beta_2^2>0$.

容易证明，当u,v都满足式(5.14)时，式(5.13)仍成立. 此处，奇异S-L方程和边界条件(5.14)构成一个自共轭的奇异斯图姆－刘维尔问题.

例 5.1.1 求下列斯图姆－刘维尔问题的本征值和本征函数

$$\begin{cases} u'' + \lambda u = 0, 0 < x < \pi \\ u(0) = 0, u'(\pi) = 0 \end{cases}$$

解 在这种情况下有，$p(x)=1,q(x)=0,s(x)=1$.

(1) 当$\lambda<0$时，方程通解是

$$u(x) = A\mathrm{e}^{\sqrt{-\lambda}x} + B\mathrm{e}^{-\sqrt{-\lambda}x}$$

将其代入到边界条件，得到

$$\begin{cases}A+B=0\\ Ae^{\sqrt{-\lambda}\pi}+Be^{-\sqrt{-\lambda}\pi}=0\end{cases}$$

此方程组只有零解，即 $A=B=0$. 所以 $u(x)\equiv 0$(非所求).

(2) 当 $\lambda=0$ 时，方程通解是

$$u(x)=Ax+B$$

由边界条件 $u(0)=0$，得 $B=0$，再由 $u'(\pi)=0$，得到 $A=0$. 所以 $u(x)\equiv 0$(不是非零解，非所求).

(3) 当 $\lambda>0$ 时，方程通解为

$$u(x)=A\cos\sqrt{\lambda}x+B\sin\sqrt{\lambda}x$$

由边界条件 $u(0)=0$，得 $A=0$，由 $u'(\pi)=0$，得 $B\sqrt{\lambda}\cos\sqrt{\lambda}\pi=0$.

因为 $\lambda<0$，$\lambda=0$ 时方程无非零解，所以为了使已知的斯图姆－刘维尔问题有非零解，必须使

$$B\cos\sqrt{\lambda}\pi=0, B\neq 0$$

因此本征值是

$$\lambda_n=\frac{(2n-1)^2}{4}, n=1,2,3,\cdots$$

相应的本征函数是

$$\sin\frac{(2n-1)x}{2}, n=1,2,3,\cdots$$

例 5.1.2　给定柯西－欧拉方程和边界条件

$$\begin{cases}x^2u''+xu'+\lambda u=0, 1<x<e\\ u(1)=0, u(e)=0\end{cases}$$

求其本征值及本征函数，其中 e 为自然对数的底.

解　方程各项乘以 $\frac{1}{x}$，即得斯图姆－刘维尔方程

$$\frac{d}{dx}\left(x\frac{du}{dx}\right)+\frac{1}{x}\lambda u=0$$

此时，$p(x)=x$，$q(x)=0$，$s(x)=\frac{1}{x}$.

(1) 当 $\lambda=0$ 时，方程通解是

$$u(x)=A\ln x+B$$

再由边界条件，即有 $u(x)\equiv 0$，无非零解.

(2) 当 $\lambda \neq 0$ 时,柯西方程的特解形式为

$$u(x) = x^m$$

代入方程中即得到满足的代数方程

$$m^2 + \lambda = 0$$

即

$$m = \pm i\sqrt{\lambda}$$

因此,柯西方程的通解是

$$u(x) = c_1 x^{i\sqrt{\lambda}} + c_2 x^{-i\sqrt{\lambda}}$$

注意到

$$x^{ia} = e^{ia\ln x} = \cos(a\ln x) + i\sin(a\ln x)$$

于是有

$$u(x) = A\cos(\sqrt{\lambda}\ln x) + B\sin(\sqrt{\lambda}\ln x)$$

其中 A 和 B 都是与 c_1 和 c_2 有关的任意常数.由端点条件 $u(1)=0$,得 $A=0$,而由端点条件 $u(e)=0$,可得

$$B\sin\sqrt{\lambda} = 0$$

由上式可得本征值

$$\lambda_n = n^2\pi^2, n = 1,2,3\cdots$$

而相应的本征函数

$$\sin(n\pi\ln x), n = 1,2,3\cdots$$

例 5.1.3 解周期斯图姆－刘维尔问题

$$\begin{cases} u'' + \lambda u = 0, -\pi < x < \pi \\ u(-\pi) = u(\pi), u'(-\pi) = u'(\pi) \end{cases}$$

此时,$p(x)=1$,因此 $p(-\pi)=p(\pi)$.

解 (1) 当 $\lambda < 0$ 时,方程通解是

$$u(x) = Ae^{\sqrt{-\lambda}x} + Be^{-\sqrt{-\lambda}x}$$

将其代入到端点条件,得到 $A=B=0$,所以 $u(x)\equiv 0$.

(2) 当 $\lambda = 0$ 时,方程通解是

$$u(x) = Ax + B$$

再由边界条件即得所对应的特征函数 $u_0(x)=1$,于是上述周期斯图姆－刘维尔问题的特征值为 $\lambda_0 = 0$.

(3) 当 $\lambda > 0$ 时,方程通解为

$$u(x)=A\cos\sqrt{\lambda}x+B\sin\sqrt{\lambda}x$$

将其代入两个边界条件，得到下面两个方程

$$(A\cos\sqrt{\lambda}\pi+B\sin\sqrt{\lambda}\pi)-(A\cos\sqrt{\lambda}\pi-B\sin\sqrt{\lambda}\pi)=0$$

$$(-A\sqrt{\lambda}\sin\sqrt{\lambda}\pi+B\sqrt{\lambda}\cos\sqrt{\lambda}\pi)-(A\sqrt{\lambda}\sin\sqrt{\lambda}\pi+B\sqrt{\lambda}\cos\sqrt{\lambda}\pi)=0$$

因此

$$\begin{cases}(2\sin\sqrt{\lambda}\pi)B=0\\(2\sqrt{\lambda}\sin\sqrt{\lambda}\pi)A=0\end{cases}$$

显然 A,B 不能同时为零，于是

$$\sin\sqrt{\lambda}\pi=0$$

从而

$$\lambda_n=n^2,n=1,2,3\cdots$$

因为对任意的 A,B 都有 $\sin\sqrt{\lambda}\pi=0$，因此可以得到与同一个本征值 n^2 相应的两个线性无关的本征函数 $\cos nx$ 和 $\sin nx$.

因此，这个斯图姆－刘维尔问题的本征值是

$$\lambda_n=n^2,n=0,1,2,3\cdots$$

所对应的本征函数

$$u_n(x)=\begin{cases}1,n=0\\A_n\cos nx+B_n\sin nx,n=1,2,3\cdots\end{cases}$$

其中 A_n 和 B_n 为任意常数.

5.2　斯图姆－刘维尔问题的性质

正则斯图姆－刘维尔问题和周期斯图姆－刘维尔问题统称斯图姆－刘维尔问题，现在证明正交性是正则斯图姆－刘维尔问题的本征函数系的一个特性.

定理 5.2.1　斯图姆－刘维尔问题存在无穷多个实的特征值，它们构成了一个递增无界的无穷序列，即

$$\lambda_1\leqslant\lambda_2\leqslant\cdots\leqslant\lambda_n\leqslant\cdots \text{且}\lim_{n\to\infty}\lambda_n=\infty$$

定理 5.2.2　设正则斯图姆－刘维尔问题的系数 $p(x),q(x)$ 和 $s(x)$ 都在$[a,b]$上连续，而且对应于不同本征值 λ_j 和 λ_k 的本征函数 u_j 和 u_k 都连续可微，那么 u_j 和 u_k 在区间$[a,b]$上关于权函数 $s(x)$ 正交，即

$$\int_a^b u_j(x)u_k(x)s(x)\mathrm{d}x = 0 \tag{5.15}$$

证明　因为函数 u_j 和 u_k 分别是对应于特征值 λ_j 和 λ_k 的特征函数，所以有

$$Lu_j(x) = -\lambda_j s(x)u_j(x)$$

$$Lu_k(x) = -\lambda_k s(x)u_k(x)$$

即得

$$-(\lambda_j - \lambda_k)\int_a^b u_j(x)u_k(x)s(x)\mathrm{d}x = 0$$

又 $\lambda_j \neq \lambda_k$，从而式(5.15) 成立.

定理 5.2.3　正则斯图姆－刘维尔问题的所有本征值都是实数.

证明　假设有一个复本征值 $\lambda_j = \alpha + \mathrm{i}\beta$，其对应的本征函数是 $u_j = v + \mathrm{i}w$. 那么，因为方程的系数都是实的，所以这个本征值的共轭复数也是本征值. 于是存在对应于本征值 $\lambda_k = \alpha - \mathrm{i}\beta$ 的本征函数 $u_k = v - \mathrm{i}w$. 因为 u_j 和 u_k 带权函数 $s(x)$ 正交，即

$$-(\lambda_j - \lambda_k)\int_a^b u_j(x)u_k(x)s(x)\mathrm{d}x = 0$$

所以，有

$$2\beta\int_a^b s(v^2 + w^2)\mathrm{d}x = 0$$

这就是说，当 $s(x) > 0$ 时，β 必须等于零. 因此本征值都是实数，本定理证毕.

定理 5.2.4　正则斯图姆－刘维尔问题的特征函数系带权函数是完备的，即任何一个在区间 $[a,b]$ 上具有连续的一阶导数和分段连续的二阶导数的函数 $f(x)$，若满足 S-L 问题中同样的边界条件，则它可按照特征函数系 $\{u_n(x) \mid n = 1, 2, \cdots\}$ 展开为绝对且一致收敛的级数

$$f(x) = \sum_{n=1}^{\infty} f_n u_n(x) \tag{5.16}$$

其中

$$f_n = \frac{\int_a^b f(x)u_n(x)s(x)\mathrm{d}x}{\int_a^b u_n^2(x)s(x)\mathrm{d}x}, n = 1, 2, \cdots$$

级数(5.16) 称为广义傅里叶级数，系数 f_n 称为广义傅里叶系数.

习题 5

1. 求正则斯图姆－刘维尔问题的本征值与本征函数：

(a) $\begin{cases} u''+\lambda u=0, 0<x<\pi \\ u(1)=0, u(\pi)=0 \end{cases}$；

(b) $\begin{cases} u''+\lambda u=0, 0<x<l \\ u(1)=0, u'(l)=0 \end{cases}$.

2. 求周期斯图姆－刘维尔问题的本征值与本征函数：

(a) $\begin{cases} u''+\lambda u=0, 0<x<2\pi \\ u(0)=u(2\pi), u'(0)=u'(2\pi) \end{cases}$；

(b) $\begin{cases} u''+\lambda u=0, -1<x<1 \\ u(-1)=u(1), u'(-1)=u'(1) \end{cases}$.

3. 求下列斯图姆－刘维尔问题的本征值与本征函数

$$\begin{cases} x^2u''+3xu'+\lambda u=0, 1<x<\mathrm{e} \\ u(1)=0, u(\mathrm{e})=0 \end{cases}$$

4. 求下列斯图姆－刘维尔问题的本征值与本征函数

$$\begin{cases} u''+2u'+(1+\lambda)u=0, 0<x<1 \\ u(0)=0, u'(1)=0 \end{cases}$$

第6章　特殊函数

特殊函数应用十分广泛，内容也十分丰富. 但由于篇幅所限，本章仅介绍贝塞尔(Bessel) 函数及勒让德(Legendre) 函数.

6.1　贝塞尔函数

6.1.1　Γ(Gamma) 函数

定义 6.1.1　对 $\forall x > 0$，广义积分

$$\Gamma(x) = \int_0^\infty t^{x-1} e^{-t} dt$$

称为 Γ 函数.

显然，这个广义积分对于 $\forall x > 0$ 收敛，Γ 函数也称为第二型欧拉积分.

Γ 函数的性质：

1. $\Gamma(x+1) = x\Gamma(x)$.

证明　$\Gamma(x+1) = \int_0^\infty t^x e^{-t} dt = (-t^x e^{-t})\big|_0^\infty + x\int_0^\infty t^{x-1} e^{-t} dt = x\Gamma(x)$.

推论　$\Gamma(x+k) = x(x+1)\cdots(x+k-1)\Gamma(x)$.

证明　显然.

2. $\Gamma(n+1) = n!$.

证明　由性质 1 推论可得.

3. $\Gamma\left(\frac{1}{2}\right) = \sqrt{\pi}$.

证明　$\Gamma\left(\frac{1}{2}\right) = \int_0^\infty t^{-\frac{1}{2}} e^{-t} dt = \int_0^\infty \tau^{-1} e^{-\tau^2} 2\tau d\tau = 2\int_0^\infty e^{-\tau^2} d\tau = \sqrt{\pi}$.

6.1.2　贝塞尔函数

贝塞尔方程的标准形式为

$$x^2 y''(x) + xy'(x) + (x^2 - v^2) y(x) = 0 \tag{6.1}$$

其解称为贝塞尔函数,其中 v 为非负实数.同时方程也可写成

$$y''(x) + \frac{1}{x} y'(x) + \frac{x^2 - v^2}{x^2} y(x) = 0$$

因此,$x=0$ 是一奇点,应用无穷级数表示其解为

$$y(x) = \sum_{k=0}^{\infty} a_k x^{s+k} \tag{6.2}$$

其中系数 $a_0 \neq 0$,指数 s 待定.将此级数代入方程(6.1)得到

$$x^2 \sum_{k=0}^{\infty} (s+k)(s+k-1) a_k x^{s+k-2} + x \sum_{k=0}^{\infty} (s+k) a_k x^{s+k-1} + (x^2 - v^2) \sum_{k=0}^{\infty} a_k x^{s+k} = 0$$

整理得

$$(s^2 - v^2) a_0 x^s + [(s+1)^2 - v^2] a_1 x^{s+1} +$$

$$\sum_{k=2}^{\infty} \{[(s+k)^2 - v^2] a_k + a_{k-2}\} x^{s+k} = 0 \tag{6.3}$$

若式(6.2)是方程(6.1)的解,则要求等式(6.3)中级数的各项系数均为零,从而有

$$\begin{cases} (s^2 - v^2) a_0 = 0, a_0 \neq 0 \Rightarrow s_1 = v, s_2 = -v \\ [(s+1)^2 - v^2] a_1 = 0 \\ [(s+k)^2 - v^2] a_k + a_{k-2} = 0, k = 2,3,\cdots \end{cases}$$

(1) 当 $s_1 - s_2 = 2v$ 不为整数时,方程(6.1)有两个线性无关解

$$y_1(x) = \sum_{k=0}^{\infty} a_k x^{v+k}$$

$$y_2(x) = \sum_{k=0}^{\infty} a_k x^{-v+k}$$

取 $s_1 = v$,得到

$$a_1 = 0, a_k = \frac{-a_{k-2}}{k(2v+k)}, k = 2,3,\cdots \Rightarrow a_{2k+1} = 0, k = 0,1,2,\cdots$$

$$\begin{aligned} a_{2k} &= \frac{-a_{2k-2}}{2k(2v+2k)} = \frac{-a_{2k-2}}{2^2 k(v+k)} \\ &= \frac{-a_{2k-2\times 2}}{2^{2\times 2} k(k-1)(v+k)(v+k-1)} \\ &= \cdots \\ &= \frac{(-1)^k a_0}{2^{2k} k!\,(v+k)(v+k-1)\cdots(v+1)} \end{aligned}$$

$$=\frac{(-1)^k 2^v \Gamma(v+1)a_0}{2^{2k+v}k!\ \Gamma(v+k+1)}$$

因此,贝塞尔方程的正则解为

$$y_1(x)=a_0\sum_{k=0}^{\infty}\frac{(-1)^k 2^v \Gamma(v+1)x^{2k+v}}{2^{2k+v}k!\ \Gamma(v+k+1)}$$

其中 a_0 是任意常数,通常取 $a_0=\frac{1}{2^v\Gamma(v+1)}$,把这个级数解记作

$$\mathrm{J}_v(x)=\sum_{k=0}^{\infty}\frac{(-1)^k x^{2k+v}}{2^{2k+v}k!\ \Gamma(v+k+1)}$$

由达朗贝尔判别法,该级数在$(0,R)$上绝对收敛. $\mathrm{J}_v(x)$ 称为第一类 v 阶贝塞尔函数.

类似地,再取 $s_1=-v$,有

$$y_2(x)=a_0\sum_{k=0}^{\infty}\frac{(-1)^k 2^{-v} \Gamma(-v+1)x^{2k-v}}{2^{2k-v}k!\ \Gamma(-v+k+1)}$$

取 $a_0=\frac{1}{2^{-v}\Gamma(-v+1)}$,贝塞尔函数的另一个解

$$\mathrm{J}_{-v}(x)=\sum_{k=0}^{\infty}\frac{(-1)^k x^{2k-v}}{2^{2k-v}k!\ \Gamma(-v+k+1)}$$

称为第一类 $-v$ 阶贝塞尔函数. 因此贝塞尔方程的通解可表示为

$$y(x)=c_1\mathrm{J}_v(x)+c_2\mathrm{J}_{-v}(x)$$

(2) 当 v 为整数时,$s_1-s_2=2v=2n(n=1,2,\cdots)$ 也是整数. 依情形(1)的推导,此时贝塞尔方程的解为

$$\mathrm{J}_n(x)=\sum_{k=0}^{\infty}\frac{(-1)^k x^{2k+n}}{2^{2k+n}k!\ \Gamma(n+k+1)}$$

$$\mathrm{J}_{-n}(x)=\sum_{k=0}^{\infty}\frac{(-1)^k x^{2k-n}}{2^{2k-n}k!\ \Gamma(-n+k+1)}$$

用 k 代换 $k-n$,得

$$\mathrm{J}_{-n}(x)=(-1)^n\sum_{k=0}^{\infty}\frac{(-1)^k x^{2k+n}}{2^{2k+n}k!\ \Gamma(n+k+1)}=(-1)^n\mathrm{J}_n(x)$$

注意到 $\mathrm{J}_n(x)$ 与 $\mathrm{J}_{-n}(x)$ 线性相关,这就需要求出一个与 $\mathrm{J}_n(x)$ 线性无关的特解.

取

$$\mathrm{N}_v(x)=\frac{\mathrm{J}_v(x)\cos v\pi-\mathrm{J}_{-v}(x)}{\sin v\pi}$$

此解称为第二类 v 阶贝塞尔函数，有时也称为诺依曼函数. 显然 $N_v(x)$ 是贝塞尔方程的解，且当 v 不是整数时，与 $J_v(x)$ 是线性无关的. 当 v 是整数时，可以定义

$$N_n(x)=\lim_{v\to n}\frac{J_v(x)\cos v\pi-J_{-v}(x)}{\sin v\pi}$$

可证明 $N_n(x)$ 与 $J_n(x)$ 是线性无关的.

综上所述，贝塞尔方程的通解可表示为

$$y(x)=\begin{cases}c_1J_v(x)+c_2J_{-v}(x),v\notin\mathbf{Z}_+\\c_1J_n(x)+c_2N_n(x),v\in\mathbf{Z}_+\\c_1J_v(x)+c_2N_v(x),v\in\mathbf{R}_+\end{cases}$$

使 $J_v(x)=0$ 或 $N_v(x)=0$ 的 x 值，称为贝塞尔函数的零点(或根)，为了方便应用，贝塞尔函数的零点已经制表.

例 6.1.1　把下列微分方程化为贝塞尔方程，并求出通解

$$x^2y''(x)+xy'(x)+4(x^4-v^2)y(x)=0$$

解　令 $z=x^2$，由定义

$$\frac{dy}{dx}=\frac{dy}{dz}\cdot\frac{dz}{dx}=2x\frac{dy}{dz},\frac{d^2y}{dx^2}=2\frac{dy}{dz}+4x^2\frac{d^2y}{dz^2}$$

代入原方程有

$$z^2\frac{d^2y}{dz^2}+z\frac{dy}{dz}+(z^2+v^2)=0$$

因此原方程通解为

$$y(x)=c_1J_v(z)+c_2N_v(z)=c_1J_v(x^2)+c_2N_v(x^2)$$

6.1.3　第一类贝塞尔函数的性质

1. $\frac{d}{dx}(x^vJ_v(x))=x^vJ_{v-1}(x)$；$\frac{d}{dx}(x^{-v}J_v(x))=-x^{-v}J_{v+1}(x)$.

2. $J_v(x)$ 有无穷多个正的零点，且均为单重零点. $J_v(x)$ 与 $J_{v+1}(x)$ 的零点是彼此相间分布的.

3. 以 $\mu_m^{(v)}$ 表示 $J_v(x)$ 的第 m 个正零点，则 $\mu_{m+1}^{(v)}-\mu_m^{(v)}\to\pi(m\to\infty)$，即 $J_v(x)$ 几乎是以 2π 为周期的周期函数.

注　由性质 1 可以得到

$$\frac{d}{dx}(x^vJ_v(x))=\frac{d}{dx}\sum_{k=0}^{\infty}\frac{(-1)^kx^{2k+v}}{2^{2k+v}k!\ \Gamma(v+k+1)}$$

$$= x^v \sum_{k=0}^{\infty} \frac{(-1)^k x^{2k+v-1}}{2^{2k+v-1} k!\ \Gamma(v+k+1)} = x^v \mathrm{J}_{v-1}(x)$$

类似可以证明

$$\frac{\mathrm{d}}{\mathrm{d}x}(x^{-v}\mathrm{J}_v(x)) = -x^{-v}\mathrm{J}_{v+1}(x)$$

经整理,我们得到下列递推公式

$$x\mathrm{J}'_v(x) + v\mathrm{J}_v(x) = x\mathrm{J}_{v-1}(x)$$

$$x\mathrm{J}'_v(x) - v\mathrm{J}_v(x) = -x\mathrm{J}_{v+1}(x)$$

$$\mathrm{J}_{v-1}(x) + \mathrm{J}_{v+1}(x) = \frac{2v}{x}\mathrm{J}_v(x)$$

$$\mathrm{J}_{v-1}(x) - \mathrm{J}_{v+1}(x) = 2\mathrm{J}'_v(x)$$

例 6.1.2 证明

$$\mathrm{J}_2(x) = \mathrm{J}''_0(x) - x^{-1}\mathrm{J}'_0(x)$$

证明 由贝塞尔函数递推公式

$$\mathrm{J}'_1(x) = \mathrm{J}_0(x) - x^{-1}\mathrm{J}_1(x)$$

$$\mathrm{J}_2(x) = \mathrm{J}_0(x) - 2\mathrm{J}'_1(x)$$

及

$$\mathrm{J}'_0(x) = -\mathrm{J}_1(x)$$

得

$$\begin{aligned}
\mathrm{J}_2(x) &= \mathrm{J}_0(x) + 2\mathrm{J}''_0(x) \\
&= \mathrm{J}''_0(x) + (\mathrm{J}_0(x) + \mathrm{J}''_0(x)) \\
&= \mathrm{J}''_0(x) + (\mathrm{J}_0(x) - \mathrm{J}'_1(x)) \\
&= \mathrm{J}''_0(x) + x^{-1}\mathrm{J}_1(x) \\
&= J''_0(x) - x^{-1}J'_0(x)
\end{aligned}$$

证毕.

6.2 勒让德函数

6.2.1 勒让德方程的求解

勒让德方程是从一些球对称方程的数学物理问题当中出来的,形如

$$(1-x^2)y''(x) - 2xy'(x) + v(v+1)y(x) = 0 \tag{6.4}$$

在方程的左右两侧同时除以系数 $1-x^2$，显然可以知道 $x=\pm1$ 是奇点. 由于 $x=0$ 是正常点，因此我们可以在 $x=0$ 的某邻域内对方程求解. 设方程级数解的形式为

$$y(x)=\sum_{k=0}^{\infty}a_k x^k \tag{6.5}$$

将此级数代入方程(6.4)，经整理得到

$$\sum_{k=2}^{\infty}\{k(k-1)a_k+[v(v+1)-(k-1)(k-2)]a_{k-2}\}x^{k-2}=0$$

因此级数中的系数应满足

$$a_k=\frac{(k-1)(k-2)-v(v+1)}{k(k-1)}a_{k-2}$$

此递推公式可以写成另外一种形式

$$a_{k+2}=-\frac{(v-k)(v+k+1)}{(k+1)(k+2)}a_k,k\geqslant 0 \tag{6.6}$$

由上式我们可知 a_0 与 a_1 可以分别确定 a_{2k} 与 $a_{2k+1}(k=1,2,\cdots)$，而 a_0 与 a_1 是任意常数，因此由式(6.6) 得

$$a_{2k}=\frac{(-1)^k v(v-2)\cdots(v-2k+2)(v+1)(v+3)\cdots(v+2k-1)}{(2k)!}a_0,k=1,2,\cdots$$

$$a_{2k+1}=\frac{(-1)^k(v-1)(v-3)\cdots(v-2k+1)(v+2)(v+4)\cdots(v+2k)}{(2k)!}a_1,k=1,2,\cdots$$

因此

$$y(x)=a_0[1+\sum_{k=1}^{\infty}\frac{(-1)^k v(v-2)\cdots(v-2k+2)(v+1)(v+3)\cdots(v+2k-1)}{(2k)!}x^{2k}]+$$

$$=a_1[x+\sum_{k=1}^{\infty}\frac{(-1)^k(v-1)(v-3)\cdots(v-2k+1)(v+2)(v+4)\cdots(v+2k)}{(2k+1)!}x^{2k+1}]$$

$$=a_0 p_v(x)+a_1 q_v(x) \tag{6.7}$$

容易验证，级数 $p_v(x)$ 与 $q_v(x)$ 对于 $|x|<1$ 都收敛，且线性无关. 因此式(6.7) 是勒让德方程的通解.

6.2.2　勒让德多项式

现在我们考查 $v=n$，n 为非负整数的情况，由递推公式(6.6) 可得

$$a_{n+2}=a_{n+4}=a_{n+6}=\cdots=0$$

由此我们可以看出当 n 为偶数时，级数 $p_n(x)$ 只到 x^n 项为止，成为 n 次多项式，而 $q_n(x)$ 是一无穷级数；当 n 为奇数时，级数 $q_n(x)$ 只到 x^n 项为止，成为一次多

项式，而 $p_n(x)$ 是一无穷级数.因此，对任意非负整数 n，$p_n(x)$ 与 $q_n(x)$ 都有且仅有一个是多项式.因此对多项式做适当标准化，定义

$$\mathrm{P}_n(x)=\begin{cases}\dfrac{p_n(x)}{p_n(1)},n=2k,k\in\mathbf{Z}_+\\ \dfrac{q_n(x)}{q_n(1)},n=2k+1,k\in\mathbf{Z}_+\end{cases}$$

$\mathrm{P}_n(x)$ 称为第一类 n 阶勒让德多项式，或可更进一步写成级数形式

$$\mathrm{P}_n(x)=\sum_{k=0}^{N}\frac{(-1)^k(2n-2k)!}{2^n k!\ (n-k)!\ (n-2k)!}x^{n-2k} \tag{6.8}$$

其中

$$N=\begin{cases}\dfrac{n}{2},n=2k,k\in\mathbf{Z}_+\\ \dfrac{n-1}{2},n=2k+1,k\in\mathbf{Z}_+\end{cases}$$

下面给出5个勒让德多项式

$$\mathrm{P}_0(x)=1$$

$$\mathrm{P}_1(x)=x$$

$$\mathrm{P}_2(x)=\frac{1}{2}(3x^2-1)$$

$$\mathrm{P}_3(x)=\frac{1}{2}(5x^3-3x)$$

$$\mathrm{P}_4(x)=\frac{1}{8}(3x^4-30x^2+3)$$

$$\mathrm{P}_5(x)=\frac{1}{8}(63x^5-70x^3+15x)$$

勒让德多项式也常用三角函数形式表示.令 $x=\cos\alpha$，代入上述各式可以得到

$$\mathrm{P}_0(x)=1$$

$$\mathrm{P}_1(\cos\alpha)=\cos\alpha$$

$$\mathrm{P}_2(\cos\alpha)=\frac{1}{2}(3\cos^2\alpha-1)$$

$$\mathrm{P}_3(\cos\alpha)=\frac{1}{2}(5\cos^3\alpha-3\cos\alpha)$$

$$\mathrm{P}_4(\cos\alpha)=\frac{1}{8}(3\cos^4\alpha-30\cos^2\alpha+3)$$

$$P_5(\cos\alpha)=\frac{1}{8}(63\cos^5\alpha-70\cos^3\alpha+15\cos\alpha)$$

有时还取勒让德多项式的微分形式

$$P_n(x)=\frac{1}{2^n n!}\frac{d^n}{dx^n}(x^2-1)^n$$

此式称为罗德里格斯(Rodrigues) 表达式.

6.2.3　勒让德多项式的性质

1. 递推公式

$$P'_n(x)-xP'_{n-1}(x)=nP_{n-1}(x)$$

$$xP'_n(x)-P'_{n-1}(x)=nP_n(x)$$

$$(1-x^2)P'_n(x)=nP_{n-1}(x)-nxP_n(x)$$

$$(1-x^2)P'_{n-1}(x)=nxP_{n-1}(x)-nP_n(x)$$

$$(n+1)P_{n+1}(x)=(2n+1)xP_n(x)-nP_{n-1}(x)$$

2. 勒让德多项式函数系 $\{P_n(x)\}_{n=0}^{\infty}$ 在区间$[-1,1]$ 构成正交系,即

$$\int_{-1}^{1}P_m(x)P_n(x)dx=\begin{cases}0,m\neq n,m,n=0,1,2,\cdots\\ \dfrac{2}{2n+1},m=n,n=0,1,2,\cdots\end{cases}$$

3. 设函数 $f(x)$ 在区间$[-1,1]$上满足狄利克雷条件,则函数 $f(x)$ 可以展开成勒让德多项式的级数,即

$$f(x)=\sum_{n=0}^{\infty}c_nP_n(x)$$

其中

$$c_n=\frac{2n+1}{2}\int_{-1}^{1}f(x)P_n(x)dx,n=0,1,2,\cdots$$

4. 勒让德多项式满足

$$P_n(-x)=(-1)^nP_n(x),x\in[-1,1]$$

因此,当 n 为偶数时,$P_n(x)$ 为偶函数;当 n 为奇数时,$P_n(x)$ 为奇函数.

5. 设 k,n 为非负整数,则当 $0\leqslant k<n$ 时

$$\int_{-1}^{1}x^kP_n(x)dx=0$$

例 6.2.1　证明

$$P_n(-x)=(-1)^nP_n(x)$$

证明 由定义

$$P_n(x)=\sum_{k=0}^{N}\frac{(-1)^k(2n-2k)!}{2^n k!\,(n-k)!\,(n-2k)!}x^{n-2k}$$

其中$N=\frac{n}{2}$或$N=\frac{n-1}{2}$. 当n为偶数时,$(-x)^{n-2k}=x^{n-2k}$,因此$P_n(-x)=P_n(x)$. 当n为奇数时,$(-x)^{n-2k}=-x^{n-2k}$,因此$P_n(-x)=-P_n(x)$. 所以,对于任意的$n\geqslant 0$,有

$$P_n(-x)=(-1)^n P_n(x)$$

习题 6

1. 把下列微分方程化为贝塞尔方程,并求出通解

$$x^2y''(x)+y'(x)+\frac{1}{4}y(x)=0$$

(提示:令$z=\sqrt{x}$).

2. 用贝塞尔函数递推公式证明

$$J_3(x)+3J'_0(x)+4J'''_0(x)=0$$

3. 证明$P'_n(-x)=(-1)^{n+1}P'_n(x)$.

第7章　傅里叶级数

7.1　傅里叶级数

函数列

$$1,\cos x,\sin x,\cos 2x,\sin 2x,\cdots$$

在区间[−π,π]上是正交的和线性无关的，因为

$$\int_{-\pi}^{\pi}\sin mx\sin nx\,\mathrm{d}x=\begin{cases}0,m\neq n\\ \pi,m=n\end{cases}\tag{7.1}$$

$$\int_{-\pi}^{\pi}\cos mx\cos nx\,\mathrm{d}x=\begin{cases}0,m\neq n\\ \pi,m=n\end{cases}\tag{7.2}$$

$$\int_{-\pi}^{\pi}\sin mx\cos nx\,\mathrm{d}x=0\tag{7.3}$$

$$\int_{-\pi}^{\pi}\cos nx\,\mathrm{d}x=\int_{-\pi}^{\pi}\sin nx\,\mathrm{d}x=0\tag{7.4}$$

对于正整数 m 和 n 都成立. 这一函数列称为区间[−π,π]上的正交系统. 如果正交系中的每个元素都除以它的模

$$\frac{1}{\sqrt{2\pi}},\frac{\cos x}{\sqrt{\pi}},\frac{\sin x}{\sqrt{\pi}},\cdots,\frac{\cos nx}{\sqrt{\pi}},\frac{\sin nx}{\sqrt{\pi}},\cdots$$

就构成了一个标准正交系.

如果函数 $f(x)$ 在区间[−π,π]上是周期为 2π 的函数，即 $f(x+2\pi)=f(x)$，则 $f(x)$ 能够展开为可逐项积分的三角级数

$$f(x)=\frac{a_0}{2}+\sum_{n=1}^{\infty}(a_n\cos nx+b_n\sin nx)\tag{7.5}$$

对式(7.5)两端在[−π,π]上积分

$$\int_{-\pi}^{\pi}f(x)\mathrm{d}x=\int_{-\pi}^{\pi}\frac{a_0}{2}\mathrm{d}x+\sum_{n=1}^{\infty}\left(a_n\int_{-\pi}^{\pi}\cos nx\,\mathrm{d}x+b_n\int_{-\pi}^{\pi}\sin nx\,\mathrm{d}x\right)$$

由式(7.4)可知

$$\int_{-\pi}^{\pi} f(x)\mathrm{d}x = a_0\pi$$

故

$$a_0 = \frac{1}{\pi}\int_{-\pi}^{\pi} f(x)\mathrm{d}x \tag{7.6}$$

对式(7.5)两端同乘以 $\cos mx$，在$[-\pi,\pi]$上积分，得

$$\int_{-\pi}^{\pi} f(x)\cos mx\,\mathrm{d}x = \frac{a_0}{2}\int_{-\pi}^{\pi}\cos mx\,\mathrm{d}x + \sum_{n=1}^{\infty}\left(a_n\int_{-\pi}^{\pi}\cos nx\cos mx\,\mathrm{d}x + b_n\int_{-\pi}^{\pi}\sin nx\sin mx\,\mathrm{d}x\right)$$

由式(7.2)，式(7.3)和式(7.4)可知

$$\int_{-\pi}^{\pi} f(x)\cos mx\,\mathrm{d}x = a_n\int_{-\pi}^{\pi}\cos^2 nx\,\mathrm{d}x = a_n\pi$$

故

$$a_n = \frac{1}{\pi}\int_{-\pi}^{\pi} f(x)\cos nx\,\mathrm{d}x \tag{7.7}$$

同理，对式(7.5)两端同乘以 $\sin mx$，在$[-\pi,\pi]$上积分，再利用三角函数系的正交性，由式(7.1)，式(7.3)和式(7.4)可推出

$$b_n = \frac{1}{\pi}\int_{-\pi}^{\pi} f(x)\sin nx\,\mathrm{d}x \tag{7.8}$$

因此只要函数 $f(x)$ 在区间$[-\pi,\pi]$上可积，都可由公式(7.6)～(7.8)计算出系数 a_0，a_n 和 $b_n(n=1,2,\cdots)$，称之为函数 $f(x)$ 的傅里叶系数. 由傅里叶系数作成的形式级数

$$\frac{a_0}{2} + \sum_{n=1}^{\infty}(a_n\cos nx + b_n\sin nx)$$

称为函数 $f(x)$ 的傅里叶级数

$$f(x) \sim \frac{a_0}{2} + \sum_{n=1}^{\infty}(a_n\cos nx + b_n\sin nx) \tag{7.9}$$

其中符号～表示系数 a_0，a_n 和 b_n 以某种唯一的方式与 f 联系. 这个级数可以收敛，也可以不收敛. 当函数 $f(x)$ 满足下面的狄利克雷条件时，才能称作傅里叶级数在区间$[-\pi,\pi]$上收敛.

狄利克雷条件　如果以 2π 为周期的函数 $f(x)$ 在区间$[-\pi,\pi]$上满足：

1. $f(x)$ 在$(-\pi,\pi)$内除有限个点外有定义且单值；
2. $f(x)$ 在$(-\pi,\pi)$外是周期函数，周期为 2π；
3. $f(x)$ 在$(-\pi,\pi)$内分段光滑.

则傅里叶级数收敛于

$$a_0 + \sum_{n=1}^{\infty}(a_n\cos nx + b_n\sin nx) = \begin{cases} f(x),\text{当 } x \text{ 是 } f(x) \text{ 的连续点时} \\ \dfrac{f(x-0)+f(x+0)}{2},\text{当 } x \text{ 是 } f(x) \text{ 的第一类间断点时} \end{cases}$$

其中 $f(x-0)$ 和 $f(x+0)$ 分别是 $f(x)$ 在 x 处的左极限和右极限. 狄利克雷条件中的 1,2,3 条是傅里叶级数收敛的充分条件,而不是必要条件.

7.2　正弦级数和余弦级数

如果函数 $f(x)$ 是区间$[-\pi,\pi]$上以 2π 为周期的奇函数,因为 $\cos nx$ 是偶函数,$\sin nx$ 是奇函数,所以 $f(x)\cos nx$ 是奇函数,$f(x)\sin nx$ 是偶函数,因此 $f(x)$ 的傅里叶系数是

$$\begin{cases} a_n = \dfrac{1}{\pi}\displaystyle\int_{-\pi}^{\pi} f(x)\cos nx\,\mathrm{d}x = 0, n=0,1,2,\cdots \\ b_n = \dfrac{1}{\pi}\displaystyle\int_{-\pi}^{\pi} f(x)\sin nx\,\mathrm{d}x = \dfrac{2}{\pi}\displaystyle\int_{0}^{\pi} f(x)\sin nx\,\mathrm{d}x, n=1,2,3,\cdots \end{cases} \tag{7.10}$$

所以,奇函数的傅里叶级数表示为

$$f(x) \sim \sum_{n=1}^{\infty} b_n \sin nx$$

称为正弦级数,其中系数 b_n 由式(7.10) 给出.

同理,如果函数 $f(x)$ 是区间$[-\pi,\pi]$上以 2π 为周期的偶函数,因为 $\cos nx$ 是偶函数,$\sin nx$ 是奇函数,所以 $f(x)\cos nx$ 是偶函数,$f(x)\sin nx$ 是奇函数,因此 $f(x)$ 的傅里叶系数是

$$\begin{cases} a_n = \dfrac{1}{\pi}\displaystyle\int_{-\pi}^{\pi} f(x)\cos nx\,\mathrm{d}x = \dfrac{2}{\pi}\displaystyle\int_{0}^{\pi} f(x)\cos nx\,\mathrm{d}x, n=0,1,2,\cdots \\ b_n = \dfrac{1}{\pi}\displaystyle\int_{-\pi}^{\pi} f(x)\sin nx\,\mathrm{d}x = 0, n=1,2,3,\cdots \end{cases} \tag{7.11}$$

所以,偶函数的傅里叶级数表示为

$$f(x) \sim \frac{a_0}{2} + \sum_{n=1}^{\infty} a_n \cos nx$$

称为余弦级数,其中系数 a_n 由式(7.11) 给出.

例 7.2.1　把 $|\sin x|$ 展开为傅里叶级数. 因为 $|\sin x|$ 是偶函数,所以 $b_n = 0\ (n=1,2,3,\cdots)$,而

$$a_n = \frac{2}{\pi}\int_0^{\pi} f(x)\cos nx\,\mathrm{d}x = \frac{2}{\pi}\int_0^{\pi} \sin x\cos nx\,\mathrm{d}x$$

$$=\frac{1}{\pi}\int_0^{\pi}[\sin(1+n)x+\sin(1-n)x]\mathrm{d}x$$

$$=\frac{2[1+(-1)^n]}{\pi(1-n^2)},n=0,2,3,\cdots$$

当 $n=1$ 时

$$a_1=\frac{2}{\pi}\int_0^{\pi}\sin x\cos x\mathrm{d}x=0$$

因此 $f(x)$ 的傅里叶级数是

$$f(x)=\frac{2}{\pi}+\frac{4}{\pi}\sum_{k=1}^{\infty}\frac{\cos 2nx}{1-4n^2}$$

7.3 以 $2l$ 为周期的级数

设 $f(x)$ 是以 $2l(l>0)$ 为周期的周期函数，$g(t)$ 是以 2π 为周期的周期函数，令

$$t=\frac{\pi}{l}x$$

将$[-\pi,\pi]$上的函数 $g(t)$ 变换为$[-l,l]$上的函数 $f(x)$，记为

$$f(x)=f\left(\frac{l}{\pi}t\right)=g(t)$$

只要函数 $f(x)$ 在区间$[-l,l]$上可积，$g(t)$ 就在区间$[-\pi,\pi]$上可积，由 $g(t)$ 的傅里叶级数

$$g(t)\sim\frac{a_0}{2}+\sum_{n=1}^{\infty}(a_n\cos nt+b_n\sin nt)$$

其中

$$\begin{cases}a_0=\dfrac{1}{\pi}\displaystyle\int_{-\pi}^{\pi}g(t)\mathrm{d}t\\ a_n=\dfrac{1}{\pi}\displaystyle\int_{-\pi}^{\pi}g(t)\cos nt\mathrm{d}t\\ b_n=\dfrac{1}{\pi}\displaystyle\int_{-\pi}^{\pi}g(t)\sin nt\mathrm{d}t,n=1,2,\cdots\end{cases}$$

且 $t=\frac{\pi}{l}x$，可得以 $2l$ 为周期的函数 $f(x)$ 的傅里叶级数

$$f(x)\sim\frac{a_0}{2}+\sum_{n=1}^{\infty}\left(a_n\cos\frac{n\pi}{l}x+b_n\sin\frac{n\pi}{l}x\right)$$

其中

$$\begin{cases} a_0=\dfrac{1}{\pi}\displaystyle\int_{-l}^{l}f(x)\mathrm{d}x \\ a_n=\dfrac{1}{\pi}\displaystyle\int_{-l}^{l}f(x)\cos\dfrac{n\pi}{l}x\,\mathrm{d}x \\ b_n=\dfrac{1}{\pi}\displaystyle\int_{-l}^{l}f(x)\sin\dfrac{n\pi}{l}x\,\mathrm{d}x, n=1,2,\cdots \end{cases}$$

当 $f(x)$ 在区间 $[-l,l]$ 满足狄利克雷条件时，$f(x)$ 的傅里叶级数收敛于

$$a_0+\sum_{n=1}^{\infty}\left(a_n\cos\frac{n\pi}{l}x+b_n\sin\frac{n\pi}{l}x\right)$$

$$=\begin{cases} f(x),\text{当 } x \text{ 是 } f(x) \text{ 的连续点时} \\ \dfrac{f(x-0)+f(x+0)}{2},\text{当 } x \text{ 是 } f(x) \text{ 的第一类间断点时} \end{cases}$$

如果 $f(x)$ 是以 $2l$ 为周期的奇函数，其正弦傅里叶级数为

$$f(x)\sim\sum_{n=1}^{\infty}b_n\sin\frac{n\pi}{l}x$$

系数

$$b_n=\frac{2}{l}\int_0^l f(x)\sin\frac{n\pi}{l}x\,\mathrm{d}x, n=1,2,\cdots$$

如果 $f(x)$ 是以 $2l$ 为周期的偶函数，其余弦傅里叶级数为

$$f(x)\sim\frac{a_0}{2}+\sum_{n=1}^{\infty}a_n\cos\frac{n\pi}{l}x$$

系数

$$\begin{cases} a_0=\dfrac{2}{l}\displaystyle\int_0^l f(x)\mathrm{d}x \\ a_n=\dfrac{2}{l}\displaystyle\int_0^l f(x)\cos\dfrac{n\pi}{l}x\,\mathrm{d}x, n=1,2,\cdots \end{cases}$$

7.4 有限区间上的傅里叶级数

与区间 $[-\pi,\pi]$ 或 $[-l,l]$ 上的周期函数不同，在许多实际问题中，函数是定义在有限区间 $[0,l]$ 上的任意函数，可能不具有周期性，因此可在区间 $[0,l]$ 之外作适当的延拓，补充其定义为周期函数，只要满足狄利克雷条件，就可以展开为傅里叶级数. 但是延拓的方式不同，则展开的傅里叶级数也不唯一. 比如函数 $f(x)$ 定义在

区间$[0,l]$上,满足狄利克雷条件,可将其展开为正弦级数

$$f(x)=\sum_{n=1}^{\infty}C_n\sin\frac{n\pi}{l}x$$

$$C_n=\frac{2}{l}\int_0^l f(x)\sin\frac{n\pi}{l}x\,\mathrm{d}x,n=1,2,3,\cdots$$

或展开为余弦级数

$$f(x)=D_0+\sum_{n=1}^{\infty}D_n\cos\frac{n\pi}{l}x$$

$$\begin{cases}D_0=\dfrac{1}{l}\displaystyle\int_0^l f(x)\mathrm{d}x\\ D_n=\dfrac{2}{l}\displaystyle\int_0^l f(x)\cos\frac{n\pi}{l}x\,\mathrm{d}x,n=1,2,3,\cdots\end{cases}$$

依据不同情况而实施.有限区间$[0,l]$上的傅里叶级数也称作半幅傅里叶级数(Half range Fourier series).

除了上述正弦级数和余弦级数外,半幅傅里叶级数还可以取

$$f(x)=\sum_{n=0}^{\infty}C_n\sin\frac{(2n+1)\pi x}{2l}$$

和

$$f(x)=\sum_{n=0}^{\infty}D_n\cos\frac{(2n+1)\pi x}{2l}$$

其中展开的系数分别为

$$C_n=\frac{2}{l}\int_0^l f(x)\sin\frac{(2n+1)\pi x}{2l}\mathrm{d}x,n=0,1,2,\cdots$$

$$D_n=\frac{2}{l}\int_0^l f(x)\cos\frac{(2n+1)\pi x}{2l}\mathrm{d}x,n=0,1,2,\cdots$$

例 7.4.1 将函数$\sin x(0\leqslant x\leqslant\pi)$展开成有限区间$[0,\pi]$上的傅里叶级数.

将函数$\sin x(0\leqslant x\leqslant\pi)$按照正弦级数展开时,只有一项$\sin x$.现在将它按余弦级数展开

$$D_0=\frac{1}{l}\int_0^l f(x)\mathrm{d}x=\frac{1}{\pi}\int_0^{\pi}\sin x\mathrm{d}x=\frac{2}{\pi}$$

$$\begin{aligned}D_n&=\frac{2}{l}\int_0^l f(x)\cos\frac{n\pi x}{l}\mathrm{d}x=\frac{2}{\pi}\int_0^{\pi}\sin x\cos nx\,\mathrm{d}x\\&=\frac{1}{\pi}\int_0^{\pi}[\sin(x+nx)+\sin(x-nx)]\mathrm{d}x\\&=\frac{1}{\pi}\left[\frac{1-\cos(n+1)\pi}{n+1}-\frac{1-\cos(n-1)\pi}{n-1}\right]\end{aligned}$$

$$=-\frac{2(1+\cos n\pi)}{\pi(n^2-1)}, n\neq 1$$

当 $n=1$ 时

$$D_1=\frac{2}{\pi}\int_0^{\pi}\sin x\cos x\mathrm{d}x=\frac{1}{\pi}\int_0^{\pi}\sin 2x\mathrm{d}x=0$$

因此有限区间上的傅里叶级数为

$$\begin{aligned}f(x)&=\frac{2}{\pi}-\frac{2}{\pi}\sum_{n=2}^{\infty}\frac{1+\cos n\pi}{n^2-1}\cos nx\\&=\frac{2}{\pi}-\frac{2}{\pi}\sum_{n=2}^{\infty}\frac{1+(-1)^n}{n^2-1}\cos nx\\&=\frac{2}{\pi}-\frac{4}{\pi}\sum_{k=1}^{\infty}\frac{\cos 2kx}{(2k)^2-1}\end{aligned}$$

由于函数 $\sin x$ 在区间$[0,\pi]$上没有间断点，因此收敛于 $f(x)$，即

$$\sin x=\frac{2}{\pi}-\frac{4}{\pi}\sum_{k=1}^{\infty}\frac{\cos 2kx}{(2k)^2-1}, 0\leqslant x\leqslant\pi$$

习题 7

1. 求下列各函数的傅里叶级数：

(a) $f(x)=1+x, -\pi<x<\pi$;

(b) $f(x)=\mathrm{e}^x+1, -\pi<x<\pi$;

(c) $f(x)=3x+\sin x, -\pi<x<\pi$;

(d) $f(x)=\begin{cases}x, -\pi<x<0\\ h(h\text{ 是常数}), 0<x<\pi\end{cases}$;

(e) $f(x)=1+x+x^2, -\pi<x<\pi$.

2. 将下列函数展开为正弦级数：

(a) $f(x)=x^2, 0<x<\pi$;

(b) $f(x)=\frac{\pi-x}{2}, 0<x<\pi$;

(c) $f(x)=\cos x, 0<x<\pi$;

(d) $f(x)=\mathrm{e}^x, 0<x<\pi$.

3. 将下列函数展开为余弦级数：

(a) $f(x)=\cos\frac{x}{2}, 0<x<\pi$;

(b) $f(x)=x^2, 0<x<\pi$;

(c) $f(x)=e^x, 0<x<\pi$;

(d) $f(x)=\cosh x, 0<x<\pi$;

(e) $f(x)=\pi+x, 0<x<\pi$;

(f) $f(x)=\sin 3x, 0<x<\pi$.

4. 将下列周期函数展开为傅里叶级数，其中 $f(x)$ 在一个周期的表达式分别为：

(a) $f(x)=x^2-x, -2\leqslant x\leqslant 2$;

(b) $f(x)=\begin{cases}2x+1, -3\leqslant x<0\\ 2, 0\leqslant x<3\end{cases}$.

5. 确定下列函数的傅里叶级数

$$f(x)=x^2, -l<x<l$$

并利用求得的级数证明

$$\frac{\pi^2}{12}=1-\frac{1}{2^2}+\frac{1}{3^2}-\frac{1}{4^2}+\cdots$$

第 8 章 分离变量法

求解定解问题，就是要找一个函数使得它既满足泛定方程，又能满足定解条件，在前面讲过特征线积分法(行波法)，可以很明显地发现其解题思路类似于在“高等数学”课程中求解常微分方程问题的方法，即先求出方程的通解，然后再利用定解条件去确定任意常数. 但前面已经说明，用这种方法来确定偏微分方程的特解，有很大的困难，一般情况下是行不通的. 因此，人们在解决实际问题时，放弃先求通解，然后再利用定解条件求特解的办法，而是直接探求满足定解条件的特解. 本章将学习的分离变量法就是直接求特解的一种常用方法，适用于解大量的各种各样的定解问题.

分离变量法作为求解数学物理方程的基本方法之一，其基本思想是将多变量的偏微分方程转变成几个单变量常微分方程，以便逐一求解. 这里主要讨论的问题是有界区域的弦振动问题和热传导问题以及拉普拉斯方程的问题.

本章所需的数学工具主要是简单的常微分方程理论以及傅里叶级数的知识.

8.1 有界弦的自由振动

8.1.1 用分离变量法求解齐次弦振动方程的混合问题

对于偏微分方程来说，除了可以提出初值问题和边值问题之外，还可以提出混合问题. 所谓的混合问题是指在定解条件中，既有初始条件，又有边界条件.

为了说明什么是分离变量法以及分离变量法的使用条件，选取两端固定长为 l 的弦的自由振动为例

$$
\begin{cases}
u_{tt}=a^2u_{xx},0<x<l,t>0 & (8.1)\\
u(x,0)=\varphi(x),0\leqslant x\leqslant l & (8.2)\\
u_t(x,0)=\psi(x),0\leqslant x\leqslant l & (8.3)\\
u(0,t)=0,t\geqslant 0 & (8.4)\\
u(l,t)=0,t\geqslant 0 & (8.5)
\end{cases}
$$

其中 $\varphi(x)$ 和 $\psi(x)$ 是已知函数，分别代表弦的初始位移与初始速度.

此方程是齐次的，同时边界条件也是齐次的，从力学的角度出发，知道两端固定的弦的振动会形成驻波，这就启示我们尝试从驻波出发解决这种弦振动方程的混合问题.

1.分离变量

在力学中，驻波的表达式为

$$u(x,t)=2A\cos\frac{2\pi x}{\lambda}\cos 2\pi\gamma t$$

因此考查方程(8.1)，可设其特解的形式为

$$u(x,t)=X(x)T(t) \tag{8.6}$$

其中 $X(x)$ 和 $T(t)$ 分别是变量 x 和 t 的函数，而欲求的未知函数 $u(x,t)$ 是这两个函数的乘积.

将式(8.6)代入方程(8.1)，得到

$$XT''=a^2X''T$$

即

$$\frac{T''}{a^2T}=\frac{X''}{X}$$

等式左边只是 t 的函数，而右边只是 x 的函数，且 t 和 x 是两个独立的变量，故只有两边都是常数时，此等式才能成立. 令这个常数为 $-\lambda$，它被称为分离常数(Separation constant)，则有

$$\frac{X''}{X}=\frac{T''}{a^2T}=-\lambda \tag{8.7}$$

由此得到两个常微分方程

$$T''+\lambda a^2T=0 \tag{8.8}$$

$$X''+\lambda X=0 \tag{8.9}$$

因此，求解偏微分方程(8.1)的问题就转化为求解两个常微分方程(8.7)和(8.8)的问题.

现在将式(8.6)代入到齐次边界条件(8.4)和(8.5)中得

$$X(0)T(t)=0$$

$$X(l)T(t)=0$$

因为考虑的是非零解 $u(x,t)$，所以 $T(t)$ 不可能恒为零，故只可能有

$$\begin{cases}X(0)=0 & (8.10)\\ X(l)=0 & (8.11)\end{cases}$$

即偏微分方程(8.1)的齐次边界条件(8.4)和(8.5)化为了常微分方程(8.9)的边界条件(8.10)与(8.11).

将式(8.6)代入初始条件(8.2)与(8.3)得

$$X(x)T(0)=\varphi(x)$$

$$X(x)T'(0)=\psi(x)$$

显然,此二式不能成立,因为$\varphi(x)$,$\psi(x)$是两个任意函数,它们分别除以常数$T(0)$和$T'(0)$后,一般不满足方程(8.9).

2.本征值问题

考虑上面导出的常微分方程边值问题

$$\begin{cases}X''+\lambda X=0\\X(0)=0\\X(l)=0\end{cases}$$

的非零解.其中λ是常数,它不能任意取值,而只能在边界条件(8.10)和(8.11)的限制下取某些特定的值,否则方程(8.9)将没有满足边界条件的非零解.这些特定的λ值,称为方程(8.9)的本征值,相应的方程(8.9)的非零解称为本征函数.求解问题(8.9)～(8.11)的本征值及相应本征函数的问题称为本征值问题.

下面分三种情况讨论本征值问题(8.9)～(8.11).

(1)当$\lambda<0$时,方程(8.9)即$X''+\lambda X=0$的通解是

$$u(x)=Ae^{\sqrt{-\lambda}x}+Be^{-\sqrt{-\lambda}x}$$

式中A,B为两个任意常数,将其代入边界条件(8.10)和(8.11),得到

$$\begin{cases}A+B=0\\Ae^{\sqrt{-\lambda}\pi}+Be^{-\sqrt{-\lambda}\pi}=0\end{cases}$$

由于

$$\begin{vmatrix}1 & 1\\e^{\sqrt{-\lambda}l} & e^{-\sqrt{-\lambda}l}\end{vmatrix}\neq 0$$

因此方程组只有零解$u(x)\equiv 0$,即$A=B=0$,零解并非所求,所以λ不能取小于零的值.

(2)当$\lambda=0$时,方程(8.9)即$X''+\lambda X=0$可化为$X''=0$,其通解为

$$u(x)=Ax+B$$

其中A,B为两个任意常数,代入边界条件(8.10)与(8.11),得

$$\begin{cases}B=0\\Al+B=0\end{cases}$$

因为 $l \neq 0$,故可得 $A=B=0$.

从而有 $u(x) \equiv 0$,同样非所求.

(3) 当 $\lambda > 0$ 时,方程(8.9) 通解为

$$u(x)=A\cos\sqrt{\lambda}x+B\sin\sqrt{\lambda}x$$

由边界条件(8.10) 与(8.11) 得

$$\begin{cases}B=0\\A\sin\sqrt{\lambda}l=0\end{cases}$$

因为 $B=0$,故 A 不能取零,否则又将得到零解.故为使 $X(x)$ 不恒等于零,只可能是

$$\sin\sqrt{\lambda}l=0$$

于是得

$$\sqrt{\lambda}l=n\pi, n=1,2,\cdots$$

满足这个等式的 λ 值就是本征值,记为 λ_n 即

$$\lambda_n=\left(\frac{n\pi}{l}\right)^2, n=1,2,\cdots$$

其相应的本征函数,即方程(8.9) 的非零解为

$$X_n(x)=\sin\frac{n\pi}{l}x, n=1,2,\cdots$$

3.求解关于 $T(t)$ 的方程的通解

将本征值 $\lambda_n=\left(\frac{n\pi}{l}\right)^2, n=1,2,\cdots$ 代入方程(8.8) 得

$$T''(t)+\left(\frac{an\pi}{l}\right)^2T(t)=0$$

此方程的通解为

$$T_n(t)=A_n\cos\frac{an\pi}{l}t+B_n\sin\frac{an\pi}{l}t, n=1,2,\cdots$$

其中 A_n 和 B_n 为任意常数.于是得到方程(8.1) 满足边界条件(8.10) 和(8.11) 的可分离变量的一系列特解(即本征解)是

$$u_n(x,t)=X_n(x)T_n(t)=\left(A_n\cos\frac{an\pi}{l}t+B_n\sin\frac{an\pi}{l}t\right)\sin\frac{n\pi}{l}x$$

$$n=1,2,\cdots \tag{8.12}$$

因为对每一个正整数 n 都可以找到一个这种形式的解,所以式(8.12) 表示的特解有无穷多个,但一般来说,其中的任意一个特解并不一定能满足初始条件(8.2) 和(8.3),因为当 $t=0$ 时

$$\begin{cases} u_n(x,0)=A_n\sin\dfrac{n\pi}{l}x \\ (u_n)_t(x,0)=B_n\dfrac{an\pi}{l}\sin\dfrac{n\pi}{l}x \end{cases}$$

而初值 $\varphi(x)$ 和 $\psi(x)$ 是任意的函数,因此这些特解 $u_n(x,t)$ 中的任意一个,一般不是问题的解.

4.通过傅里叶级数确定系数

从上述讨论中,显然可以注意到,方程(8.1) 和边界条件(8.4),(8.5) 均是线性齐次的,根据叠加原理,把式(8.12) 中表示的所有特解叠加起来构成一般解,即

$$u(x,t)=\sum_{n=1}^{\infty}(A_n\cos\frac{an\pi}{l}t+B_n\sin\frac{an\pi}{l}t)\sin\frac{n\pi}{l}x \tag{8.13}$$

若这个无穷级数收敛并且对 x 和 t 二次可微,则仍然满足方程(8.1) 和边界条件(8.4),(8.5).而为使此解满足初始条件(8.2),(8.3),把初始条件(8.2) 与(8.3) 代入式(8.13),以便确定系数 A_n 和 B_n

$$u(x,0)=\varphi(x)=\sum_{n=1}^{\infty}A_n\sin\frac{n\pi}{l}x \tag{8.14}$$

$$u_t(x,0)=\psi(x)=\sum_{n=1}^{\infty}B_n\frac{an\pi}{l}\sin\frac{n\pi}{l}x \tag{8.15}$$

等式右边的两个级数恰好是 $\varphi(x)$ 和 $\psi(x)$ 的傅里叶级数的正弦形式展开,于是

$$A_n=f_n=\frac{2}{l}\int_0^l\varphi(\xi)\sin\frac{n\pi}{l}\xi\,\mathrm{d}\xi$$

$$B_n=\frac{l}{an\pi}g_n=\frac{2}{an\pi}\int_0^l\psi(\xi)\sin\frac{n\pi}{l}\xi\,\mathrm{d}\xi,n=1,2,\cdots$$

可见式(8.13) 就是混合问题(8.1) ~ (8.5) 的解,其中系数 A_n 和 B_n 分别由式(8.14) 和(8.15) 给出.

注 1　上面强调泛定方程必须是线性的是为了使用叠加原理得到一般解,从而表征任意的初始条件.也就是说利用初始条件来确定一般解中展开式中的系数.

回顾整个分离变量法的求解过程,可得出用分离变量法求解定解问题的步骤是:

(1) 对于泛定方程中未知函数 $u(x,t)$ 写出变量分离的形式 $u(x,t)=X(x)T(t)$;

(2) 将这种解的形式代入到泛定方程,得空间函数 $X(x)$ 和时间函数 $T(t)$ 的常微分方程;

(3) 求解本征值问题,得到本征值 λ_n 和本征函数 $X_n(x)$.

(4) 求解函数 $T_n(t)$,并与本征函数 $X_n(x)$ 相乘,求偏微分方程的特解;

(5) 根据线性叠加原理,作特解的叠加,并通过初始条件确定一般解中展开式中的系数.

8.1.2 解的物理意义

本节进一步分析上述傅里叶级数解的物理意义,首先考察本征解(8.12)

$$u_n(x,t)=(A_n\cos\frac{an\pi}{l}t+B_n\sin\frac{an\pi}{l}t)\sin\frac{n\pi}{l}x$$

它可以改写成

$$u_n(x,t)=N_n\sin(\omega_n t-\delta_n)\sin\frac{n\pi}{l}x$$

其中

$$A_n=N_n\sin\delta_n, B_n=N_n\cos\delta_n$$

故

$$N_n=\sqrt{A_n^2+B_n^2}, \delta_n=\arctan\frac{A_n}{B_n}$$

$$\omega_n=\frac{n\pi a}{l}$$

可见在弦上固定一点 x,$u_n(x,t)$ 描述了一个振幅为 $N_n\sin\frac{n\pi}{l}x$,频率为 ω_n,初位项为δ_n 的简谐振动. 就整个弦来说,弦上各点都以相同的频率,相同的初位相振动. 当 $x_m=\frac{ml}{n}$, $m=0,1,\cdots,n$ 时,$\sin\frac{n\pi}{l}x_m=\sin m\pi=0$,即这些点的振幅为零,保持不动,称为节点,可以看出,一个本征波有 $n+1$ 个节点,第 0 个位于 $x_0=0$,第 n 个位于 $x_n=l$. 当 $x_k=\frac{2k-1}{2n}l$, $k=1,2,\cdots,n$ 时,$\sin\frac{n\pi}{l}x_k=\sin\frac{2k-1}{2}\pi=\pm1$,即这些点的振幅为 $\pm N_n$,达到最大值,称为腹点,这样的点共有 n 个. 弦的振动 $u(x,t)=\sum_{n=1}^{\infty}u_n$,表示一系列振幅不同、频率不同、位相不同的驻波的叠加.

随着时间的变化,这个简谐波的节点和腹点的位置没有变化,这样的简谐波也叫驻波,所以分离变量法又叫驻波法. 在人们不断对这种弦振动进行观察了解后发现,这种简单的如正弦函数、余弦函数形式构成的驻波叠加起来,会产生各种各样的波形. 也是在这种现象的启发下,人们进一步发现了用傅里叶级数法和分离变量

法来求解弦振动方程和其他更一般的线性偏微分方程.

8.2 有界杆的热传导问题

上一节讨论了边界条件是第一类边值条件的波动方程混合问题,在讨论热传导方程混合问题时,如果边界条件全是第一类的,在使用分离变量法求解时,它的求解方法与上节中所运用的方法完全类似,这里就不再重复. 如果所取的边界条件一端点上是第一类的,另一端点上是第二类的,当使用分离变量法求解时,其方法和步骤与上节中所运用的方法也是一致的,但特征值问题有所不同.

考察一长度为 l 的、均匀的、内部无热源的、足够细的热传导杆. 因此在任何时刻 t,同一截面上的温度分布是相同的. 设杆的表面是绝热的,因而在边界上没有热量散失. 如果其左端保持零度,右端绝热,初始温度分布已知,该定解问题应为

$$\begin{cases} u_t = ku_{xx}, 0 < x < l, t > 0 & (8.16) \\ u(x,0) = \varphi(x), 0 \leqslant x \leqslant l & (8.17) \\ u(0,t) = 0, t \geqslant 0 & (8.18) \\ u_x(l,t) = 0, t \geqslant 0 & (8.19) \end{cases}$$

现在用分离变量法来求上述的定解问题的解.

1. 变量的分离

如果假设满足泛定方程(8.16) 和齐次边界条件(8.18),(8.19) 的解的形式为

$$u(x,t) = X(x)T(t) \tag{8.20}$$

将其代入到泛定方程(8.16) 中得

$$X(x)T'(t) = kX''(x)T(t)$$

$$\frac{T'(t)}{kT(t)} = \frac{X''(x)}{X(x)} = -\lambda$$

由上式可得到关于 $T(t)$ 与 $X(x)$ 所满足的常微分方程

$$T'(t) + \lambda kT(t) = 0 \tag{8.21}$$

$$X''(x) + \lambda X(x) = 0 \tag{8.22}$$

现在将式(8.20) 代入到齐次边界条件(8.18) 和(8.19) 中得

$$X(0)T(t) = 0$$

$$X'(l)T(t) = 0$$

因为 $T(t)$ 不可能恒为零,所以

$$\begin{cases} X(0)=0 & (8.23) \\ X'(l)=0 & (8.24) \end{cases}$$

2.求解本征值问题

由上面的讨论可以得到本征值问题

$$\begin{cases} X''(x)+\lambda X(x)=0 \\ X(0)=0 \\ X'(l)=0 \end{cases}$$

类似在上节中关于本征值问题的讨论，可以得出，当$\lambda \leqslant 0$时，本征值问题无非零解，当$\lambda > 0$时，泛定方程(8.22)的通解为

$$X(x)=A\cos\sqrt{\lambda}x+B\sin\sqrt{\lambda}x$$

将其代入条件(8.23)，(8.24)得

$$\begin{cases} A=0 \\ \sqrt{\lambda}B\cos\sqrt{\lambda}l=0 \end{cases}$$

即$\cos\sqrt{\lambda}l=0$，所以，$\sqrt{\lambda}l=\dfrac{(2n+1)\pi}{2}$，求得本征值为

$$\lambda_n=\left[\frac{\left(n+\frac{1}{2}\right)\pi}{l}\right]^2, n=0,1,2,\cdots \tag{8.25}$$

相应的本征函数为

$$X_n(x)=\sin\frac{(n+\frac{1}{2})\pi x}{l}, n=0,1,2,\cdots \tag{8.26}$$

3.求关于$T(t)$函数的通解

将上面求得的式(8.25)代入到方程(8.21)中，求出其通解

$$T'_n(t)+k\lambda_n T_n(t)=0\Rightarrow T_n(t)=A_n e^{-(\frac{(n+\frac{1}{2})\pi}{l})^2 kt}, n=1,2,\cdots \tag{8.27}$$

于是由式(8.20)得

$$u_n(x,t)=X_n T_n=A_n e^{-(\frac{(n+\frac{1}{2})\pi}{l})^2 kt}\sin\frac{(n+\frac{1}{2})\pi x}{l}, n=1,2,\cdots \tag{8.28}$$

其中A_n是任意常数.

4.确定系数A_n

利用叠加原理，如果级数

$$u(x,t)=\sum_{n=1}^{\infty}u_n(x,t)=\sum_{n=1}^{\infty}A_n\mathrm{e}^{-\mathrm{e}^{-(\frac{(n+\frac{1}{2})\pi}{l})^2kt}kt}\sin\frac{(n+\frac{1}{2})\pi x}{l} \tag{8.29}$$

收敛且对 x,t 分别可二次、一次逐项微分，则 $u(x,t)$ 满足方程(8.16) 和条件(8.18)，(8.19)，同时，如果能够恰当地选择系数 A_n，就有可能满足初始条件(8.17)，将式(8.29) 代入初始条件(8.17) 有

$$u(x,0)=\sum_{n=1}^{\infty}A_n\sin\frac{(n+\frac{1}{2})\pi x}{l}=\varphi(x) \tag{8.30}$$

利用特征函数系$\left\{\sin\frac{(n+\frac{1}{2})\pi x}{l}\right\}_{n=1}^{\infty}$的完备正交性，即知当 $\varphi(x)$ 满足一定条件时，存在 A_n，且有

$$A_n=\frac{2}{l}\int_0^l\varphi(x)\sin\frac{(n+\frac{1}{2})\pi x}{l}\mathrm{d}x,n=1,2,\cdots \tag{8.31}$$

式(8.29) 是热传导问题的解.

为了保证上述求解步骤的合理性，给出解的存在定理.

定理 8.2.1　若混合问题(8.16) ～ (8.19) 中，初值函数满足：

(1)$\varphi(x)$ 在$[0,l]$ 上连续，且有分段连续导数；

(2)$\varphi(0)=\varphi'(0)=0$.

则该定解问题存在解(古典解)，且可以由级数(8.29) 给出，其系数由(8.31) 确定.

例 8.2.1　设式(8.17) 中 $\varphi(x)=\frac{x(l-x)^2}{l^3}$，则由式(8.31) 得到

$$\begin{aligned}A_n&=\frac{2}{l}\int_0^l\frac{x\,(l-x)^2}{l^3}\sin\frac{(n+\frac{1}{2})\pi x}{l}\mathrm{d}x\\&=\frac{2}{l^4}\int_0^l x\,(l-x)^2\sin\frac{(n+\frac{1}{2})\pi x}{l}\mathrm{d}x\\&=\frac{2}{l^4}\int_0^l(l^2x-2lx^2+x^3)\sin\frac{(n+\frac{1}{2})\pi x}{l}\mathrm{d}x\end{aligned}$$

记 $\beta_n=\frac{(n+\frac{1}{2})\pi}{l}$，则有

$$A_n = \frac{2}{\beta_n^2 l^4}\left(\frac{2l}{\beta_n}\cos\beta_n l - \frac{6}{\beta_n^2}\sin\beta_n l + \frac{4l}{\beta_n}\right)$$

$$= \frac{2}{(\beta_n l)^4}(2\beta_n l\cos\beta_n l - 6\sin\beta_n l + 4\beta_n l)$$

所以由式(8.29) 得到

$$u(x,t) = \frac{4}{\pi^4}\sum_{n=0}^{\infty}\frac{\left[2(n+\frac{1}{2})\pi + 3(-1)^{n+1}\right]}{(n+\frac{1}{2})^4} e^{-e^{-(\frac{(n+\frac{1}{2})\pi}{l})^2 kt}} \sin\frac{(n+\frac{1}{2})\pi x}{l}$$

例 8.2.2 考察一长为 l 的圆柱形的金属线，它的侧表面是完全绝热的. 在 $x=0$ 一端温度保持零度，而在另一端热量可自由散发到温度为零度的周围介质中去，设金属线的初始温度为 $f(x)$，需要求解下列混合问题

$$\begin{cases} u_t = ku_{xx}, 0 < x < l, t > 0 \\ u|_{t=0} = f(x), 0 \leqslant x \leqslant l \\ u|_{x=0} = 0, t > 0 \\ (hu + u_x)|_{x=0} = 0, t > 0, h > 0 \end{cases} \tag{8.32}$$

解 用分离变量法，设满足齐次方程与齐次边界条件的特解为

$$u(x,t) = X(x)T(t) \neq 0$$

代入泛定方程及边界条件可得到

$$T' + k\lambda T = 0 \tag{8.33}$$

和特征值问题

$$\begin{cases} X'' + \lambda X = 0 \\ X(0) = 0 \\ hX(l) + X(l) = 0 \end{cases} \tag{8.34}$$

通过讨论，易知当 $\lambda \leqslant 0$ 时，无非零解，当 $\lambda > 0$ 时，方程的通解为

$$X(x) = A\cos\sqrt{\lambda}x + B\sin\sqrt{\lambda}x \tag{8.35}$$

由边界条件 $X(0) = 0$，有 $A = 0$，因此

$$X(x) = B\sin\sqrt{\lambda}x \tag{8.36}$$

再由边界条件 $hX(l) + X(l) = 0$，得

$$B(h\sin\sqrt{\lambda}l + \sqrt{\lambda}\cos\sqrt{\lambda}l) = 0$$

由于 $B \neq 0$，因此有

$$h\sin\sqrt{\lambda}l + \sqrt{\lambda}\cos\sqrt{\lambda}l = 0$$

可改写成

$$\tan\sqrt{\lambda}\,l=-\frac{\sqrt{\lambda}}{h}$$

如果在上述方程中引入$\beta=\sqrt{\lambda}\,l$，就有

$$\tan\beta=-a\beta \tag{8.37}$$

其中$a=\dfrac{1}{hl}$，此方程的解可以视为曲线$\xi=\tan\alpha$与直线$\xi=-a\alpha$交点的横坐标.显然它们的交点有无穷多个，于是方程(8.37)有无穷多个解，设其正解为

$$\beta_1,\beta_2,\cdots,\beta_n,\cdots$$

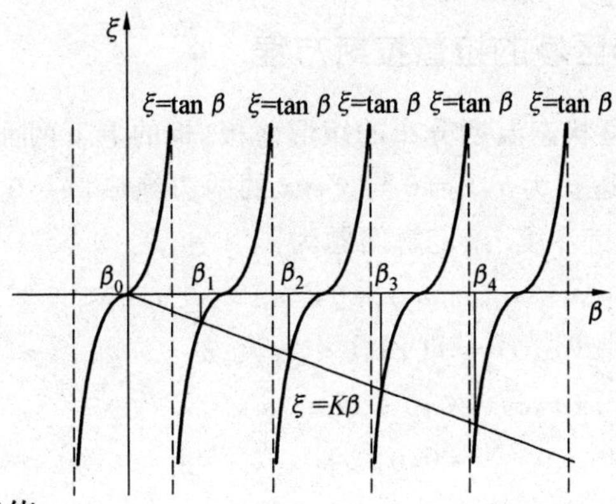

这些解所对应的特征值

$$\lambda_n=\left(\frac{\beta_n}{l}\right)^2,n=1,2,3,\cdots \tag{8.38}$$

因此

$$X_n=\sin\frac{\beta_n}{l}x,n=1,2,3,\cdots \tag{8.39}$$

由式(8.33)，得到

$$T_n=A_n e^{-k(\frac{\beta_n}{l})^2 t},n=1,2,3,\cdots \tag{8.40}$$

于是

$$u(x,t)=\sum_{n=1}^{\infty}A_n e^{-k(\frac{\beta_n}{l})^2 t}\sin\frac{\beta_n}{l}x \tag{8.41}$$

假定这个级数是收敛的，且对x是二次可微的对t是一次可微的，根据定理5.2.4，特征函数$\sin\dfrac{\alpha_n}{l}x$在区间$[0,l]$上构成一个完备正交系.利用初始条件，可得

$$u\big|_{t=0}=f(x)=\sum_{n=1}^{\infty}A_n\sin\frac{\beta_n}{l}x$$

其中系数

$$A_n=\frac{\int_0^l f(x)\sin\frac{\beta_n}{l}x\,\mathrm{d}x}{\int_0^l \sin^2\frac{\beta_n}{l}x\,\mathrm{d}x},n=1,2,3,\cdots$$

8.3 拉普拉斯方程和梁振动方程

8.3.1 矩形区域的拉普拉斯方程

考虑一具有稳恒状态温度分布的矩形薄板.板的上下两面绝热,沿 x 轴的一边长为 a,沿 y 轴的一边长为 b,$x=0$ 与 $x=a$ 的两边绝热,$y=0$ 的一边温度为 $f(x)$,$y=b$ 的一边温度保持零度.该定解问题为

$$\begin{cases}\Delta u=u_{xx}+u_{yy}=0,0<x<a,0<y<b & (8.42)\\ u(x,0)=f(x),0\leqslant x\leqslant a & (8.43)\\ u(x,b)=0,0\leqslant x\leqslant a & (8.44)\\ u_x(0,y)=0,0\leqslant y\leqslant b & (8.45)\\ u_x(a,y)=0,0\leqslant y\leqslant b & (8.46)\end{cases}$$

假设满足泛定方程(8.42)和齐次边界条件(8.45),(8.46)的解的形式为

$$u(x,t)=X(x)Y(y) \tag{8.47}$$

将其代入方程(8.42)可得

$$Y''(y)-\lambda Y(y)=0 \tag{8.48}$$

$$X''(x)+\lambda X(x)=0 \tag{8.49}$$

再将式(8.47)代入齐次边界条件(8.45),(8.46)中,可得到本征值问题

$$\begin{cases}X''(x)+\lambda X(x)=0 & \\ X'(0)=0 & (8.50)\\ X'(a)=0 & (8.51)\end{cases}$$

(1) 当 $\lambda<0$ 时,泛定方程(8.42)的通解为

$$X(x)=A\mathrm{e}^{\sqrt{-\lambda}x}+B\mathrm{e}^{-\sqrt{-\lambda}x} \tag{8.52}$$

将其代入条件(8.50)和(8.51),得

$$\sqrt{-\lambda}(c_1-c_2)=0,c_1=c_2$$

$$\sqrt{-\lambda}\,(c_1 e^{\sqrt{-\lambda}l} - c_2 e^{-\sqrt{-\lambda}l}) = 0 \Rightarrow c_1 = c_2 = 0 \Rightarrow X(x) \equiv 0$$

(2) 当 $\lambda = 0$ 时，方程(8.42) 的通解为

$$X(x) = Ax + B \tag{8.53}$$

代入条件(8.50) 和(8.51)，得

$$A = 0, B \neq 0$$

则 $\lambda_0 = 0$ 是一个本征值，其相应的本征函数为

$$X_0(x) = 1$$

(3) 当 $\lambda > 0$ 时，泛定方程(8.42) 的通解为

$$X(x) = A\cos\sqrt{\lambda}x + B\sin\sqrt{\lambda}x \tag{8.54}$$

将其代入条件(8.50) 和(8.51)，得

$$\sqrt{\lambda}B = 0, B = 0$$

$$-\sqrt{\lambda}A\sin\sqrt{\lambda}l = 0$$

如果

$$A \neq 0 \Rightarrow \sin\sqrt{\lambda}l = 0$$

则本征值为

$$\lambda_n = (\frac{n\pi}{a})^2, X_n(x) = \cos\frac{n\pi}{a}x, n = 1,2,\cdots$$

相应的本征函数为

$$X_n(x) = \cos\frac{n\pi}{a}x, n = 1,2,\cdots$$

综合上述讨论，可以得到问题(8.49) ～ (8.51) 的本征值为

$$\lambda_n = (\frac{n\pi}{a})^2, n = 0,1,2,\cdots \tag{8.55}$$

其相应的本征函数为

$$X_n(x) = \cos\frac{n\pi}{a}x, n = 0,1,2,\cdots \tag{8.56}$$

将 $\lambda_n = (\frac{n\pi}{a})^2 (n = 0,1,2,\cdots)$ 代入方程(8.48)，可以得到其通解为

$$Y''_n(y) - (\frac{n\pi}{a})^2 Y_n(y) = 0, n = 0,1,2,\cdots$$

可以把 $Y_n(y)$ 改写为下面的形式

$$Y_0(y) = A_0 y + B_0, n = 0 \tag{8.57}$$

$$\begin{aligned}Y_n(y) &= \tilde{A}_n e^{\frac{n\pi}{l}y} + \tilde{B}_n e^{-\frac{n\pi}{l}y} \\ &= \bar{A}_n \cosh \frac{n\pi}{a}y + \bar{B}_n \sinh \frac{n\pi}{a}y \\ &= A_n \sinh(\frac{n\pi}{a})(y + B_n), n = 1,2,\cdots \end{aligned} \tag{8.58}$$

其中 $A_0, B_0, \tilde{A}_n, \tilde{B}_n, \bar{A}_n, \bar{B}_n, A_n$ 和 B_n 均为任意常数.

通过式(8.44),取 $A_0 = -B_0 b, B_n = -b, n = 1,2,\cdots$. 从而有

$$u(x,y) = A_0(y-b) + \sum_{n=1}^{\infty} A_n \sinh(\frac{n\pi}{a})(y-b) \cdot \cos \frac{n\pi}{a}x \tag{8.59}$$

由式(8.43)可得到

$$\begin{aligned}u(x,0) = f(x) &= -A_0 b + \sum_{n=1}^{\infty} A_n \sinh(\frac{-n\pi}{a}) b \cdot \cos \frac{n\pi}{a}x \\ &= \frac{f_0}{2} + \sum_{n=1}^{\infty} f_n \cos \frac{n\pi}{a}x \end{aligned} \tag{8.60}$$

其中

$$f_n = \frac{2}{l} \int_0^l f(\xi) \cos \frac{n\pi}{a} \xi d\xi, n = 0,1,2,\cdots \tag{8.61}$$

因此

$$A_0 = -\frac{f_0}{2b}, A_n = -\frac{f_n}{\sinh(\frac{n\pi}{a}) b}, n = 1,2,\cdots \tag{8.62}$$

于是定解问题解的形式由式(8.59)给出,其系数由式(8.61),式(8.62)确定.

8.3.2 梁的横振动

梁在发生横振动时,由于出现了切应力和挠矩,方程中出现了四阶偏导数项,同时边界条件也相应的增加. 若梁的两端固定,切应力和挠矩为零,初始位移和初始速度分别为 $f(x)$ 和 $g(x)$,则振动满足的定解问题为

$$\begin{cases} u_{tt} + a^2 u_{xxxx} = 0, 0 < x < l, t > 0 & (8.63) \\ u(x,0) = f(x), 0 \leqslant x \leqslant l & (8.64) \\ u_t(x,0) = g(x), 0 \leqslant x \leqslant l & (8.65) \\ u(0,t) = u(l,t) = 0, t \geqslant 0 & (8.66) \\ u_{xx}(0,t) = u_{xx}(l,t) = 0, t \geqslant 0 & (8.67) \end{cases}$$

解 假设 $u(x,t) = X(x)T(t)$ 为方程的非零解,代入泛定方程(8.63)和条件

(8.66),(8.67) 中得到

$$X(x)T''(t)+a^2X^{(4)}(x)T(t)=0$$

$$X(0)T(t)=X(l)T(t)=0$$

$$X''(0)T(t)=X''(l)T(t)=0$$

因此有

$$\frac{X^{(4)}(x)}{X(x)}=-\frac{T''(t)}{a^2T(t)}=\lambda$$

和

$$X(0)=X(l)=X''(0)=X''(l)=0$$

即

$$T''(t)+\lambda a^2T(t)=0 \tag{8.68}$$

$$X^{(4)}(x)-\lambda X(x)=0 \tag{8.69}$$

$$X(0)=X(l)=0 \tag{8.70}$$

$$X''(0)=X''(l)=0 \tag{8.71}$$

这个本征值问题只有在 $\lambda>0$ 时才有非零解

$$X(x)=Ae^{\sqrt{\lambda}x}+Be^{-\sqrt{\lambda}x}+C\cos\sqrt{\lambda}x+D\sin\sqrt{\lambda}x$$

其中 A,B,C,D 是任意常数. 由边界条件(8.70),(8.71) 可以求得 $A=B=C=0$,本征值为

$$\lambda_n=\left(\frac{n\pi}{l}\right)^4,n=1,2,\cdots$$

相应的本征函数为

$$X_n(x)=\sin\frac{n\pi}{l}x,n=1,2,\cdots$$

相应的方程(8.68) 的通解为

$$T_n(t)=A_n\cos a\left(\frac{n\pi}{l}\right)^2t+B_n\sin a\left(\frac{n\pi}{l}\right)^2t,n=1,2,\cdots$$

于是梁振动方程的解为

$$u(x,t)=\sum_{n=1}^{\infty}\left[A_n\cos a\left(\frac{n\pi}{l}\right)^2t+B_n\sin a\left(\frac{n\pi}{l}\right)^2t\right]\sin\frac{n\pi}{l}x$$

代入初值条件可以求得

$$A_n=\frac{2}{l}\int_0^l f(\xi)\sin\frac{n\pi}{l}\xi\,d\xi,n=1,2,\cdots$$

$$B_n=\frac{2l}{a(n\pi)^2}\int_0^l g(\xi)\sin\frac{n\pi}{l}\xi\,d\xi,n=1,2,\cdots$$

8.4 MATLAB 求解

例 8.4.1 两端固定的弦振动问题

$$\begin{cases}u_{tt}=a^2u_{xx},0<x<l,t>0 & (8.72)\\ u|_{x=0}=u|_{x=l}=0,t\geqslant 0 & (8.73)\\ u|_{t=0}=\varphi(x),u_t|_{t=0}=\psi(x),0\leqslant x\leqslant l & (8.74)\end{cases}$$

其解为

$$u(x,t)=\sum_{n=1}^{\infty}(A_n\cos\frac{an\pi t}{l}+B_n\sin\frac{an\pi t}{l})\sin\frac{n\pi}{l}x$$

其中系数 A_n 和 B_n 分别为

$$A_n=\frac{2}{l}\int_0^l\varphi(\xi)\sin\frac{n\pi}{l}\xi\,d\xi$$

$$B_n=\frac{2}{an\pi}\int_0^l\psi(\xi)\sin\frac{n\pi}{l}\xi\,d\xi$$

1.设初位移为

$$\varphi(x)=\begin{cases}\sin 7\pi x,\frac{3}{7}\leqslant x\leqslant\frac{4}{7}\\ 0,\text{其他}\end{cases}$$

初速度为零,分别画出 $n=10$ 和 $n=50$ 两种情况下的级数解图形(图 8.1,8.2).

程序如下:

```
≫function    jxj
≫N=50                    %N=10
≫t=0:0.005:2.0;
≫x=0:0.001:1;
≫ww=wfun(N,0);
≫ymax=max(abs(ww));
≫h=plot(x,ww,'linewidth',3);
≫axis([0,1,-ymax,ymax])
≫sy=[  ];
≫for   n=2:length(t)
≫ww=wfun(N,t(n));
≫set(h,'ydata',ww);
```

```
≫ drawnow;
≫ sy =[sy,sum(ww)];
≫ end
≫ function   wtx = wfun(N,t)
≫ x =0:0.001:1;   a=1;   wtx =0;
≫ for  I=1:N
≫ if  I=7
≫ wtx =wtx + 0.05 * ((sin (pi * (7 - I) * 4/7) -
         sin (pi * (7 - I) * 3/7))...
≫ /(7 - I)/pi - (sin (pi * (7 + I) * 4/7) - sin (pi * ...
      (7 + I) * 3/7))/(7 + I)/pi) * cos (I * pi * a * t). * sin (I * pi * x);
≫ else
≫ wtx = wtx + 0.05/7 * cos(I * pi * a * t). * sin(I * pi * x);
≫ end
≫ end
```

这里 jxj 是主程序，调用子程序 wfun. m，N 是级数求和的项数.

2. 设初速度为

$$\psi(x)=\begin{cases}1, \dfrac{3}{7}\leqslant x\leqslant\dfrac{4}{7}\\ 0,其他\end{cases}$$

初位移为零. 主程序 psi 调用子程序 psi1fun1，画出 $n=50$ 情况下的级数解图形(图 8.3). 程序如下：

```
≫ function  psi
≫ N =50
≫ t =0:0.005:2.0;
≫ x =0:0.001:1;
≫ ww =psi1fun1(N,0);
≫ h =plot(x,ww,'linewidth',3);
≫ axis([0,1,-0.08,0.08])
≫ sy =[  ];
≫ for  n =2:length(t)
≫ ww =psi1fun1(N,t(n));
```

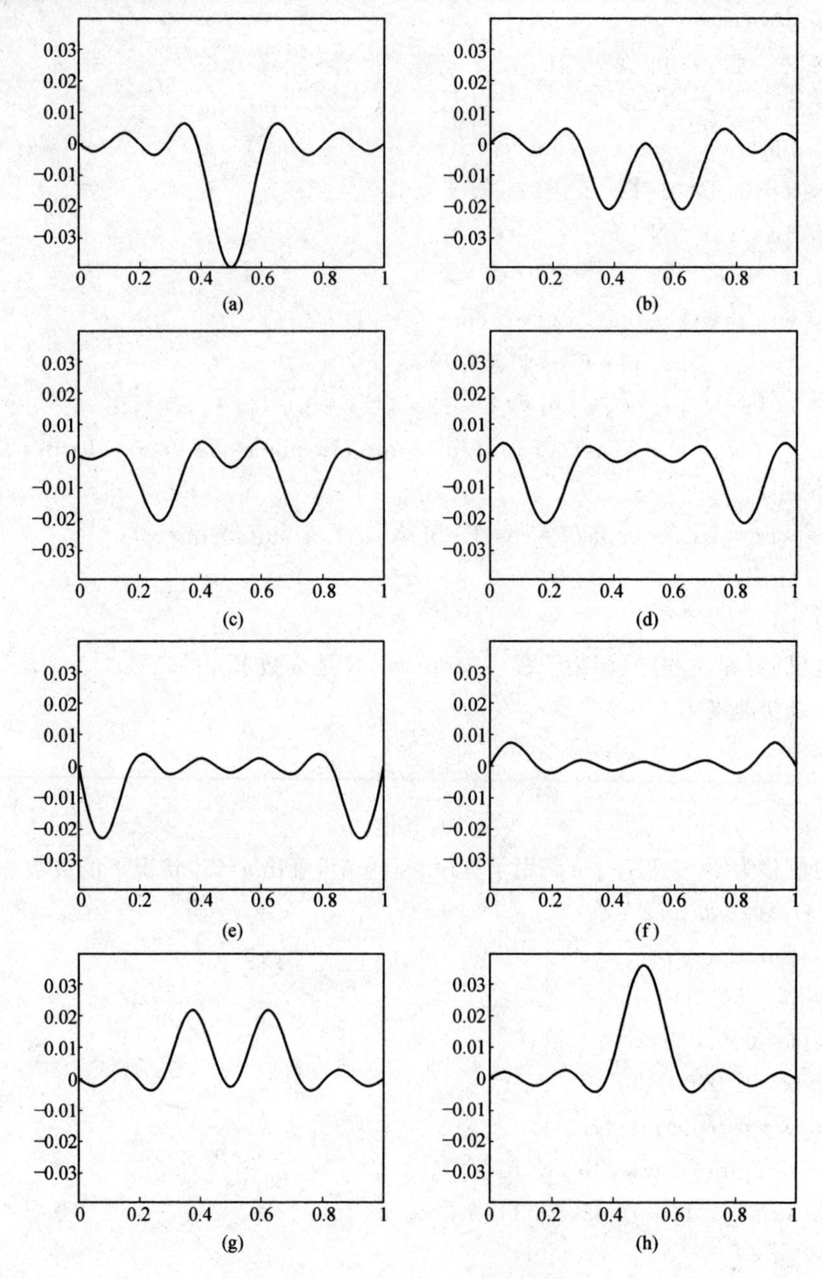

图 8.1　级数解前 10 项的图形

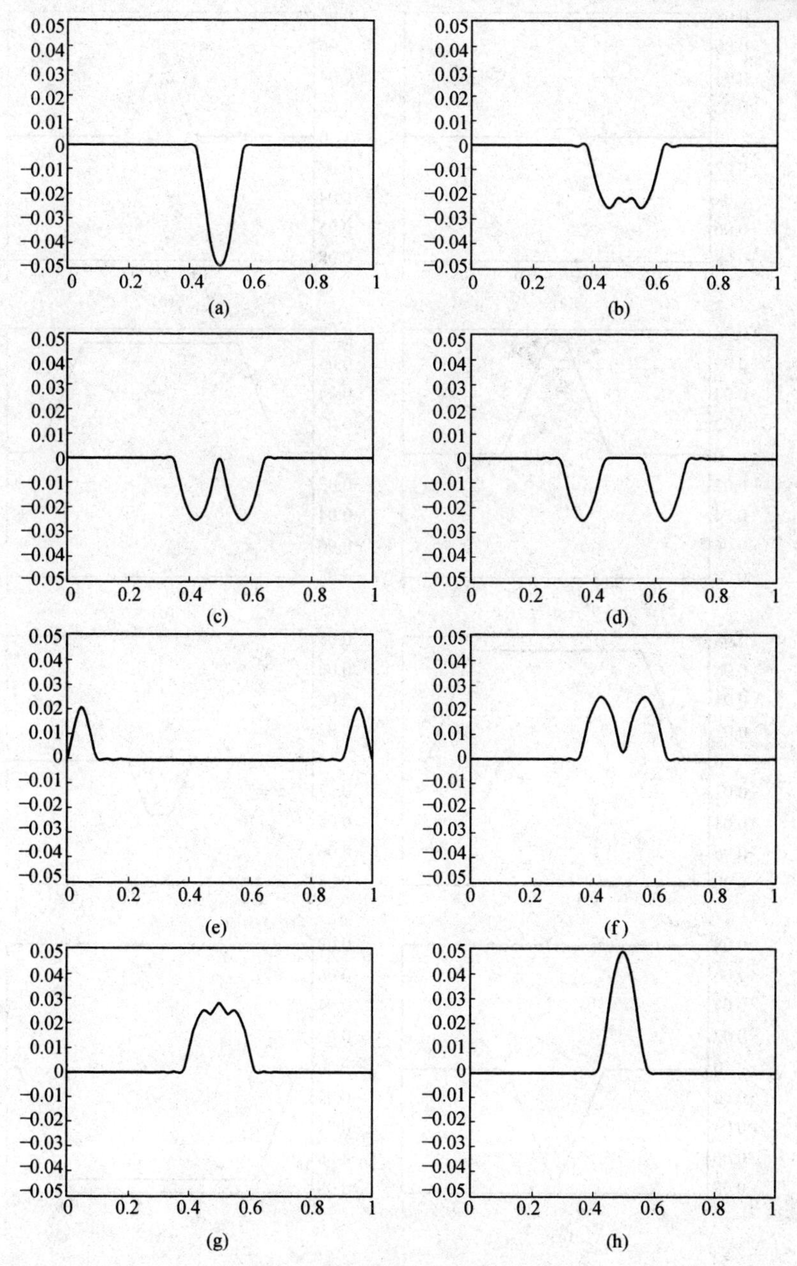

图 8.2　级数解前 50 项的图形

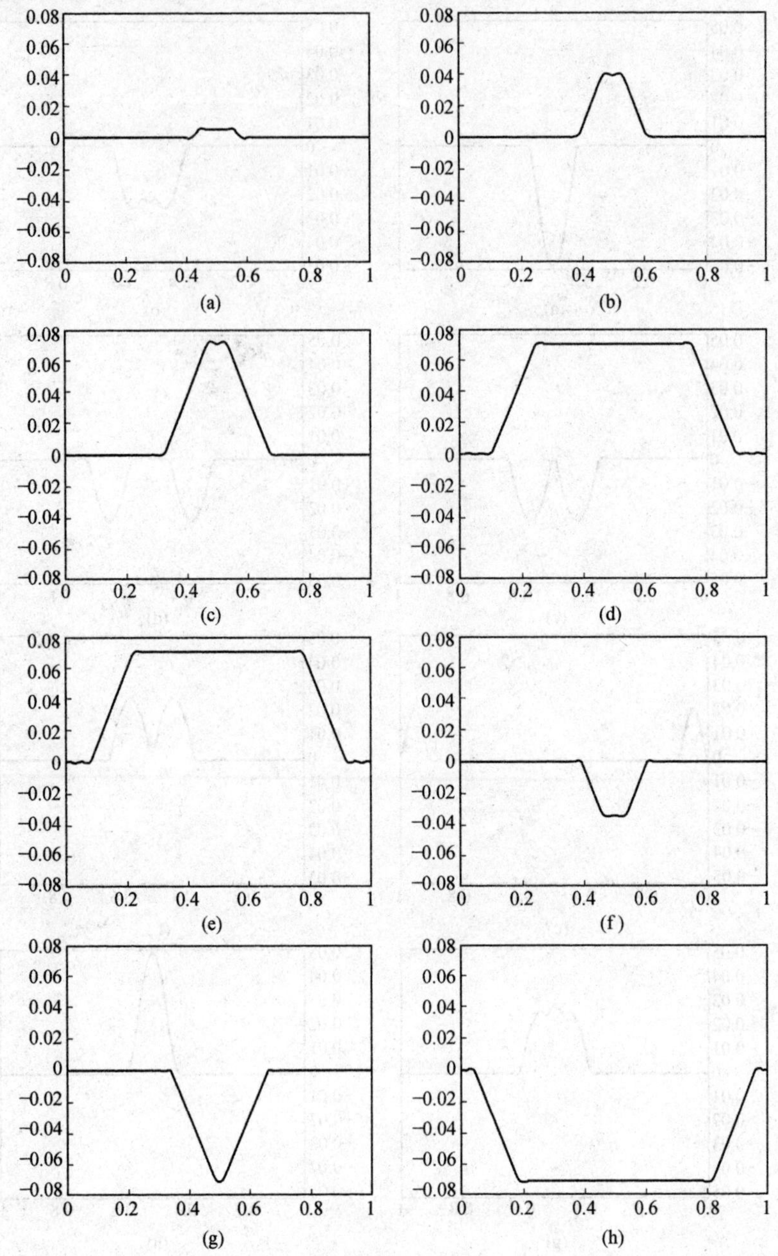

图 8.3　级数解前 50 项的图形

```
≫ set(h,'ydata',ww);
≫ drawnow;
≫ sy=[sy,sum(ww)];
≫ end
≫ function   wtx=psi1fun1(N,t)
≫ x=0:0.001:1;a=1;wtx=0;
≫ for  k=1:N
≫ Bk=2/(k*k*pi*pi)*(cos (3*k*pi/7)-cos (4*k*pi/7));
≫ wtx=wtx+Bk*sin (k*pi*t)*sin (k*pi*x);
≫ end
```

习题 8

1. 解下列混合问题：

(a) $\begin{cases} u_{tt}=a^2u_{xx},0<x<l,t>0 \\ u(x,0)=x(1-x),0\leqslant x\leqslant l \\ u_t(x,0)=0,0\leqslant x\leqslant l \\ u(0,t)=0,t\geqslant 0 \\ u(l,t)=0,t\geqslant 0 \end{cases}$；

(b) $\begin{cases} u_{tt}=a^2u_{xx},0<x<1,t>0 \\ u(x,0)=\sin 2\pi x,0\leqslant x\leqslant 1 \\ u_t(x,0)=0,0\leqslant x\leqslant 1 \\ u(0,t)=0,t\geqslant 0 \\ u(1,t)=0,t\geqslant 0 \end{cases}$；

(c) $\begin{cases} u_{tt}=a^2u_{xx},0<x<1,t>0 \\ u(x,0)=0,0\leqslant x\leqslant 1 \\ u_t(x,0)=x^2,0\leqslant x\leqslant 1 \\ u(0,t)=0,t\geqslant 0 \\ u(1,t)=0,t\geqslant 0 \end{cases}$；

(d) $\begin{cases} u_{tt}=a^2u_{xx}, 0<x<\pi, t>0 \\ u(x,0)=0, 0\leqslant x\leqslant \pi \\ u_t(x,0)=8\sin^2 x, 0\leqslant x\leqslant \pi \\ u(0,t)=0, t\geqslant 0 \\ u(\pi,t)=0, t\geqslant 0 \end{cases}$.

2. 解下列定解问题：

(a) $\begin{cases} u_{tt}=a^2u_{xx}, 0<x<\pi, t>0 \\ u(x,0)=x^3, 0\leqslant x\leqslant \pi \\ u_t(x,0)=0, 0\leqslant x\leqslant \pi \\ u(0,t)=0, t\geqslant 0 \\ u_x(\pi,t)=0, t\geqslant 0 \end{cases}$；

(b) $\begin{cases} u_{tt}=a^2u_{xx}, 0<x<\pi, t>0 \\ u(x,0)=\sin x, 0\leqslant x\leqslant \pi \\ u_t(x,0)=0, 0\leqslant x\leqslant \pi \\ u_x(0,t)=0, t\geqslant 0 \\ u_x(\pi,t)=0, t\geqslant 0 \end{cases}$.

3. 解下列初边值问题：

(a) $\begin{cases} u_{tt}=a^2u_{xx}, 0<x<\pi, t>0 \\ u(x,0)=3\sin x, 0\leqslant x\leqslant \pi \\ u_t(x,0)=2\sin x, 0\leqslant x\leqslant \pi \\ u(0,t)=0, t\geqslant 0 \\ u(\pi,t)=0, t\geqslant 0 \end{cases}$；

(b) $\begin{cases} u_{tt}=a^2u_{xx}, 0<x<\pi, t>0 \\ u(x,0)=\sin x, 0\leqslant x\leqslant \pi \\ u_t(x,0)=x, 0\leqslant x\leqslant \pi \\ u(0,t)=0, t\geqslant 0 \\ u(\pi,t)=0, t\geqslant 0 \end{cases}$；

$$
(c)\begin{cases} u_{tt}=a^2u_{xx},0<x<\pi,t>0 \\ u(x,0)=x,0\leqslant x\leqslant \pi \\ u_t(x,0)=\cos 2x,0\leqslant x\leqslant \pi. \\ u_x(0,t)=0,t\geqslant 0 \\ u_x(\pi,t)=0,t\geqslant 0 \end{cases}
$$

4. 求拉普拉斯方程边值问题

$$
\begin{cases} u_{xx}+u_{yy}=0,0<x<a,0<y<b \\ u(0,y)=0,0\leqslant y\leqslant b \\ u_t(a,y)=3y,0\leqslant y\leqslant b \\ u_y(x,0)=0,0\leqslant x\leqslant b \\ u_y(x,b)=0,0\leqslant x\leqslant b \end{cases}
$$

5. 求下列混合问题：

$$
(a)\begin{cases} u_t=4u_{xx},0<x<1,t>0 \\ u(x,0)=x(1-x),0\leqslant x\leqslant 1 \\ u(0,t)=0,t\geqslant 0 \\ u(1,t)=0,t\geqslant 0 \end{cases};
$$

$$
(b)\begin{cases} u_t=u_{xx},0<x<2,t>0 \\ u(x,0)=x,0\leqslant x\leqslant 2 \\ u(0,t)=0,t\geqslant 0 \\ u_x(2,t)=0,t\geqslant 0 \end{cases};
$$

$$
(c)\begin{cases} u_t=ku_{xx},0<x<l,t>0 \\ u(x,0)=x(1-x),0\leqslant x\leqslant l \\ u_x(0,t)=0,t\geqslant 0 \\ u_x(l,t)=0,t\geqslant 0 \end{cases}.
$$

第 9 章　本征函数法

上一章讨论了分离变量法主要解决由齐次方程和齐次边界条件构成的定界问题. 仔细分析可以看出用分离变量法求解定解问题时,确定叠加形式的级数解的系数是通过把已知函数按本征函数系做傅里叶级数展开而得到的,且最后得到的解同样是按本征函数展开来,而本征函数系是通过齐次方程与齐次边界条件得到的.

本章我们要处理非齐次问题,处理非齐次方程定解问题的方法称为“本征函数法”. 这种方法不需要分离变量,而是按照相应的其所对应的齐次问题的边界条件,选择适当的本征函数系,直接写出级数形式的解,再通过泛定方程和初始条件来确定级数展开的系数.

9.1　本征函数法的引入

对于一个给定的定解问题,若我们用分离变量法进行求解

$$\begin{cases}\text{齐次方程}\\ \text{齐次边界条件(或相当的周期性条件)}\end{cases}$$

得到的本征函数系,称为该定解问题的本征函数系.

上一章在讨论了求解两端固定长为 l 的弦振动的定解问题(8.1) ~ (8.5) 时,得到最后的一般解的形式为式(8.13). 可以看出,这个解及其相应的初始条件都是按本征函数系 $\left\{\sin\frac{n\pi}{l}x\right\}_{n=1}^{\infty}$ 展开的,这给我们一个启示,是否能够一开始就将定解问题(8.1) ~ (8.5) 的一般解写成这个本征函数系的展开式. 当然一般解 $u(x,t)$ 既是空间变量 x 的函数,也是时间变量 t 的函数. 按照这样的思考,重新试解定解问题(8.1) ~ (8.5),设它的形式为

$$u(x,t)=\sum_{n=1}^{\infty}T_n(t)\sin\frac{n\pi}{l}x$$

其中,展开式中系数 $T_n(t)$ 是时间变量 t 的函数. 这个解显然满足边界条件(8.4) 与(8.5),因为最初本征函数系 $\{\sin\frac{n\pi}{l}x\}_{n=1}^{\infty}$ 是由边界条件决定的. 同时再将基本解

的形式代入初始条件后，可最终确定基本解的具体形式(详见 8.1 节).

本征函数法的关键在于本征函数系的选择，而本征函数系的选择完全由定解问题的边值条件决定. 下面用一个例子来说明本征函数法的应用.

例 9.1.1　用本征函数展开法求解

$$\begin{cases} u_t = a^2 u_{xx}, 0 < x < l, t > 0 & (9.1) \\ u(x,0) = \varphi(x), 0 \leqslant x \leqslant l & (9.2) \\ u_x(0,t) = 0, t \geqslant 0 & (9.3) \\ u_x(l,t) = 0, t \geqslant 0 & (9.4) \end{cases}$$

解　首先求出(或事先知道)该定解问题的本征函数系，通过分离变量，由泛定方程及齐次边界条件，可以求出该问题的本征函数系为

$$\left\{\cos \frac{n\pi}{l}x\right\}_{n=0}^{\infty} \tag{9.5}$$

设该定解问题解的形式为

$$u(x,t) = \sum_{n=0}^{\infty} T_n(t) \cos \frac{n\pi}{l}x \tag{9.6}$$

其中，$T_n(t)$ 是时间变量 t 的函数，将式(9.6) 代入泛定方程(9.1) 得

$$\sum_{n=0}^{\infty} [T'_n(t) + (\frac{n\pi a}{l})^2 T_n(t)] \cos \frac{n\pi}{l}x = 0 \tag{9.7}$$

因此

$$\begin{cases} T'_n(t) = 0, n = 0 \\ T'_n(t) + \left(\frac{n\pi a}{l}\right)^2 T_n(t) = 0, n = 1,2,\cdots \end{cases} \tag{9.8}$$

它的通解为

$$\begin{cases} T_0(t) = A_0, n = 0 \\ T_n(t) = A_n \mathrm{e}^{-(\frac{n\pi a}{l})^2 t}, n = 1,2,\cdots \end{cases} \tag{9.9}$$

因此可以得到

$$u(x,t) = \sum_{n=0}^{\infty} T_n(t) \cos \frac{n\pi}{l}x = X_0(x) T_0(t) + \sum_{n=1}^{\infty} T_n(t) \cos \frac{n\pi}{l}x$$

$$= A_0 + \sum_{n=1}^{\infty} A_n \mathrm{e}^{-(\frac{n\pi a}{l})^2 t} \cos \frac{n\pi}{l}x \tag{9.10}$$

现在利用初始条件来确定展开式中的系数 $A_n, n = 1,2,\cdots$，已知问题的初始温度分布为 $\varphi(x)$，得到

$$\varphi(x)=A_0+\sum_{n=1}^{\infty}A_n\cos\frac{n\pi}{l}x \tag{9.11}$$

由傅里叶级数，有

$$A_0=\frac{4}{l}\int_0^l\varphi(x)\mathrm{d}x,n=0$$

$$A_n=\frac{2}{l}\int_0^l\varphi(x)\cos\frac{n\pi}{l}x\,\mathrm{d}x,n=1,2,\cdots \tag{9.12}$$

将式(9.12)代入到式(9.10)中，即可得到该问题的解.

9.2 非齐次问题

通过上节讨论，可以看出利用本征函数法解定解问题的步骤是：

1.根据定界问题中泛定方程和边界条件来选择本征函数系，写出定解问题基本解的基础形式(即做傅里叶级数展开)；

2.把解的级数展开式代入到泛定方程中，确定时间函数 $T(t)$ 所满足的常微分方程；

3.求得 $T(t)$ 函数的通解后，将整个定解问题解的级数形式代入到初始条件中，来确定其中的系数，即得所求之解.

这种方法思路清晰，运算简洁，同时可以用来求解一般的非齐次问题.

现在讨论非齐次波动方程(即强迫振动)的定解问题

$$\begin{cases}u_{tt}=a^2u_{xx}+f(x,t),0<x<l,t>0 & (9.13)\\ u(x,0)=\varphi(x),0\leqslant x\leqslant l & (9.14)\\ u_t(x,0)=\psi(x),0\leqslant x\leqslant l & (9.15)\\ u(0,t)=0,t\geqslant 0 & (9.16)\\ u(l,t)=0,t\geqslant 0 & (9.17)\end{cases}$$

首先选择本征函数系，它是由泛定方程所对应的齐次方程和齐次边界条件来确定的.观察此定解问题，可以看出其泛定方程与齐次边界条件所得到的本征函数系为

$$\left\{\sin\frac{n\pi}{l}x\right\}_{n=1}^{\infty}$$

可以写出其解的形式为

$$u(x,t)=\sum_{n=1}^{\infty}T_n(t)\sin\frac{n\pi}{l}x \tag{9.18}$$

其中，$T_n(t)$ 是依赖于时间变量 t 的函数.

把在 9.1 节中求解齐次定解问题的本征函数法加以推广，可以证明非齐次问题与其对应的齐次问题具有相同的本征函数系. 这样就可以像求解齐次定解问题的本征函数法一样，求解非齐次定解问题.

将式(9.18) 代入泛定方程(9.13) 中，得到

$$\sum_{n=1}^{\infty}\left[T''_n(t)+\left(\frac{n\pi a}{l}\right)^2 T_n(t)\right]\sin\frac{n\pi}{l}x=f(x,t) \tag{9.19}$$

因为等式的左端是傅里叶正弦级数的形式，故已知的驱动项 $f(x,t)$ 也应展开成 x 的正弦级数

$$f(x,t)=\sum_{n=1}^{\infty}f_n(t)\sin\frac{n\pi}{l}x \tag{9.20}$$

其中

$$f_n(t)=\frac{2}{l}\int_0^l f(x,t)\sin\frac{n\pi}{l}x\,\mathrm{d}x, n=1,2,\cdots \tag{9.21}$$

现将式(9.20) 代入式(9.19) 中，整理可得

$$\sum_{n=1}^{\infty}\left[T''_n(t)+\left(\frac{n\pi a}{l}\right)^2 T_n(t)-f_n(t)\right]\sin\frac{n\pi}{l}x=0 \tag{9.22}$$

于是得到

$$T''_n(t)+\left(\frac{n\pi a}{l}\right)^2 T_n(t)=f_n(t) \tag{9.23}$$

由初始条件(9.14) 和(9.15) 可以导出函数 $T_n(t)$ 应该满足

$$\begin{cases} u(x,0)=\sum_{n=1}^{\infty}T_n(0)\sin\frac{n\pi}{l}x=\varphi(x) \\ u_t(x,0)=\sum_{n=1}^{\infty}T'_n(0)\sin\frac{n\pi}{l}x=\psi(x) \end{cases} \tag{9.24}$$

将 $\varphi(x)$ 和 $\psi(x)$ 也按照傅里叶级数展开有

$$\varphi(x)=\sum_{n=1}^{\infty}\varphi_n\sin\frac{n\pi}{l}x \tag{9.25}$$

其中

$$\varphi_n=\frac{2}{l}\int_0^l\varphi(x)\sin\frac{n\pi}{l}x\,\mathrm{d}x, n=1,2,\cdots$$

$$\psi(x)=\sum_{n=1}^{\infty}\psi_n\sin\frac{n\pi}{l}x \tag{9.26}$$

其中

$$\psi_n=\frac{2}{l}\int_0^l\psi(x)\sin\frac{n\pi}{l}x\,\mathrm{d}x,n=1,2,\cdots$$

比较式(9.25),(9.26)和(9.24),可以得到

$$\begin{cases}T_n(0)=\varphi_n\\T'_n(0)=\psi_n\end{cases}\tag{9.27}$$

由常微分方程(9.23)和初始条件(9.27)可以解得

$$T_n(t)=\varphi_n\cos\frac{n\pi at}{l}+\frac{l}{n\pi a}\psi_n\sin\frac{n\pi at}{l}+\frac{l}{n\pi a}\int_0^l\sin\frac{n\pi a(t-\tau)}{l}f_n(\tau)\mathrm{d}\tau\tag{9.28}$$

将式(9.28)代入式(9.18)即得到上述偏微分方程定解问题的解

$$u(x,t)=\sum_{n=1}^{\infty}[\varphi_n\cos\frac{n\pi at}{l}+\frac{l}{n\pi a}\psi_n\sin\frac{n\pi at}{l}+\frac{l}{n\pi a}\int_0^l\sin\frac{n\pi a(t-\tau)}{l}f_n(\tau)\mathrm{d}\tau]\sin\frac{n\pi t}{l}$$

例 9.2.1 求一两端固定,仅在外在力作用下的波动方程的解

$$\begin{cases}u_{tt}=a^2u_{xx}+f(x,t),0<x<l,t>0 & (9.29)\\u(x,0)=0,0\leqslant x\leqslant l & (9.30)\\u_t(x,0)=0,0\leqslant x\leqslant l & (9.31)\\u(0,t)=0,t\geqslant 0 & (9.32)\\u(l,t)=0,t\geqslant 0 & (9.33)\end{cases}$$

解 用泛定方程(9.29)所对应的齐次方程以及齐次边界条件(9.32)和(9.33)所确定的本征函数系把所求的解展开为傅里叶级数的形式

$$u(x,t)=\sum_{n=1}^{\infty}T_n(t)\sin\frac{n\pi}{l}x\tag{9.34}$$

将泛定方程中非齐次项 $f(x,t)$ 在 $[0,l]$ 内按照正弦傅里叶级数展开(t 看作是常数)

$$f(x,t)=\sum_{n=1}^{\infty}f_n(t)\sin\frac{n\pi}{l}x\tag{9.35}$$

式中

$$f_n(t)=\frac{2}{l}\int_0^l f(x,t)\sin\frac{n\pi}{l}x\,\mathrm{d}x,n=1,2,\cdots\tag{9.36}$$

将式(9.34)和(9.35)代入到泛定方程(9.29)中有

$$\sum_{n=1}^{\infty}[T''_n(t)+(\frac{n\pi a}{l})^2T_n(t)]\sin\frac{n\pi}{l}x=\sum_{n=1}^{\infty}f_n(t)\sin\frac{n\pi}{l}x$$

整理得

$$T''_n(t)+\left(\frac{n\pi a}{l}\right)^2T_n(t)=f_n(t) \tag{9.37}$$

再将式(9.34)代入到初始条件(9.30)和(9.31)得

$$\begin{cases}u(x,0)=\sum\limits_{n=1}^{\infty}T_n(0)\sin\frac{n\pi}{l}x=0\\ u_t(x,0)=\sum\limits_{n=1}^{\infty}T'_n(0)\sin\frac{n\pi}{l}x=0\end{cases} \tag{9.38}$$

因此有

$$T_n(0)=T'_n(0)=0 \tag{9.39}$$

式(9.37)和式(9.39)构成了一个常系数非齐次常微分方程的初值问题,可用常数变易法求其解为

$$T_n(t)=\frac{l}{n\pi a}\int_0^l\sin\frac{n\pi a(t-\tau)}{l}f_n(\tau)\mathrm{d}\tau \tag{9.40}$$

其中

$$f_n(\tau)=\frac{2}{l}\int_0^l f(x,\tau)\sin\frac{n\pi}{l}x\,\mathrm{d}x,n=1,2,\cdots$$

将式(9.40)代入到式(9.34)中,即得强迫振动——非齐次波动方程的解.

本征函数法也可以用来求解热传导方程与拉普拉斯方程的定解问题.

9.3 非齐次边界条件的处理

在前面讨论的定解问题中不论其泛定方程是齐次的或者是非齐次的,其边界条件都是齐次的.如果边界条件是非齐次的,应如何处理呢?

对于带有非齐次边界条件的定解问题,将寻找适当的函数变换,使之归结为齐次边界条件的定解问题.

设定解问题为

$$\begin{cases}u_{tt}=a^2u_{xx}+f(x,t),0<x<l,t>0 & (9.41)\\ u(x,0)=\varphi(x),0\leqslant x\leqslant l & (9.42)\\ u_t(x,0)=\psi(x),0\leqslant x\leqslant l & (9.43)\\ u(0,t)=\mu_1(t),t\geqslant 0 & (9.44)\\ u(l,t)=\mu_2(t),t\geqslant 0 & (9.45)\end{cases}$$

作函数变换,将非齐次边界条件(此边界条件为第一类边界条件)化为齐次边界条件,设

$$u(x,t)=v(x,t)+w(x,t) \tag{9.46}$$

令

$$w(0,t)=\mu_1(t),w(l,t)=\mu_2(t) \tag{9.47}$$

则可使 $v(x,t)$ 的边界条件化为齐次的,即

$$v(0,t)=v(l,t)=0 \tag{9.48}$$

满足式(9.47)的函数式容易找到.显然,函数

$$w(x,t)=\mu_1(t)+\frac{1}{l}[\mu_2(t)-\mu_1(t)]x \tag{9.49}$$

满足式(9.47).因为只要作变换

$$u(x,t)=v(x,t)+\left\{\mu_1(t)+\frac{1}{l}[\mu_2(t)-\mu_1(t)]x\right\} \tag{9.50}$$

就可以使函数 $v(x,t)$ 满足齐次边界条件.经变换可得关于 $v(x,t)$ 的定解问题为

$$\begin{cases} v_{tt}=a^2v_{xx}+\tilde{f}(x,t),0<x<l,t>0 \\ v(x,0)=\varphi_1(x),0\leqslant x\leqslant l \\ v_t(x,0)=\psi_1(x),0\leqslant x\leqslant l \\ v(0,t)=0,t\geqslant 0 \\ v(l,t)=0,t\geqslant 0 \end{cases} \tag{9.51}$$

其中

$$\begin{cases} \tilde{f}(x,t)=f(x,t)-[\mu''_1(t)+\dfrac{\mu''_2(t)-\mu''_1(t)}{l}x] \\ \varphi_1(x)=\varphi(x)-[\mu_1(0)+\dfrac{\mu_2(0)-\mu_1(0)}{l}x] \\ \psi_1(x)=\psi(x)-[\mu'_1(0)+\dfrac{\mu'_2(0)-\mu'_1(0)}{l}x] \end{cases} \tag{9.52}$$

定解问题(9.51)可用本征函数展开的方法求解.将问题(9.51)的解代入式(9.50),即得到原定解问题的解.

如果边界条件不全是第一类的,本节的方法也仍然适用,不同的只是函数 $w(x,t)$ 的形式.

9.4　MATLAB 求解

1. 当初始条件为零，在受迫力下的弦振动，随着时间的增加，振动会越来越大. 在例 9.2.1 中，方程右端的非齐次项 $f(x,t)$，即受迫力设为 $A\cos\frac{\pi x}{l}\sin\omega t$. 由本征函数法求得其解析解为

$$u(x,t)=\frac{Al}{\pi a}\frac{1}{\frac{1}{\omega^2}-\frac{\pi^2a^2}{l^2}}\left(\omega\sin\frac{\pi at}{l}-\frac{\pi a}{l}\sin\omega t\right)\cos\frac{\pi x}{l}$$

MATLAB 程序如下：

```
≫ l=1;   a=1;
≫ w=2;   al=pi*a/l;   A=1;
≫ x=0:0.05:1;
≫ m=moviein(301);
≫ for   k=0:300
≫ u=1/al/(w^2-al^2)*(w*sin(al*k*0.1)...
≫- al*sin(w*k*0.1))*cos(pi*x./l);
≫ plot(x,u);
≫ axis([0  1  -0.5  0.5])
≫ m(:,k+1)=getframe;
≫ end
≫ movie(m,1)
```

截取动态图形中的四个阶段，见图 9.1.

2. 非齐次边界条件下的弦振动. 当初始条件为零，弦的左端点 $x=0$ 处固定，右端 $x=l$ 受迫作谐振动$A\sin\omega t$，有

$$\begin{cases}u_{tt}=a^2u_{xx}\\ u\mid_{t=0}=0,u_t\mid_{t=0}=0\\ u_{x=0}=0,u_{x=l}=A\sin\omega t\end{cases}$$

其解析解为(图 9.2)

$$u=A\frac{\sin\frac{\omega x}{a}}{\sin\frac{\omega l}{a}}\sin\omega t+\frac{2A\omega}{al}\sum_{n=1}^{\infty}\frac{(-1)^{n+1}}{\frac{\omega^2}{a^2}-\frac{n^2\pi^2}{l^2}}\sin\frac{n\pi at}{l}\sin\frac{n\pi}{l}x$$

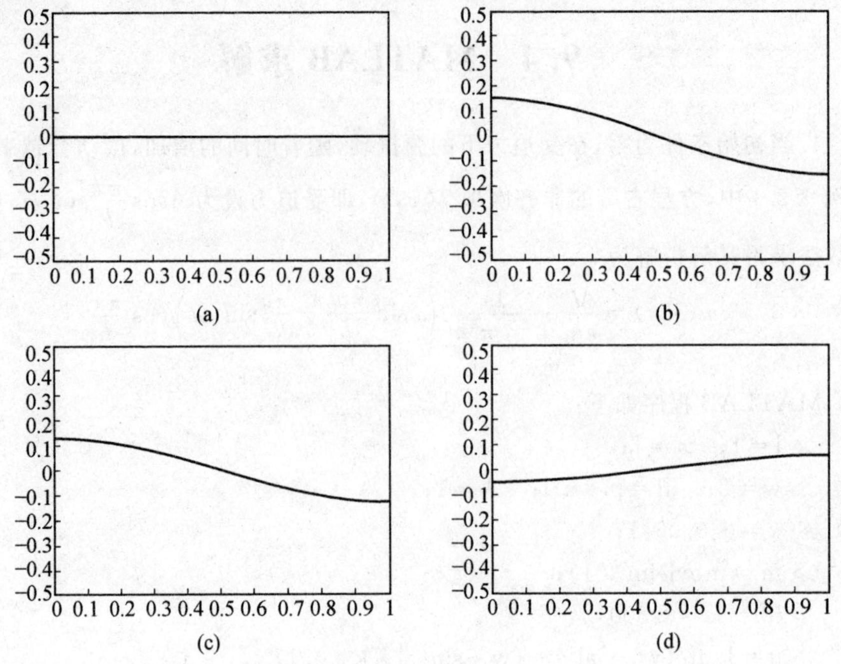

图 9.1　受迫力下波动方程的解析解

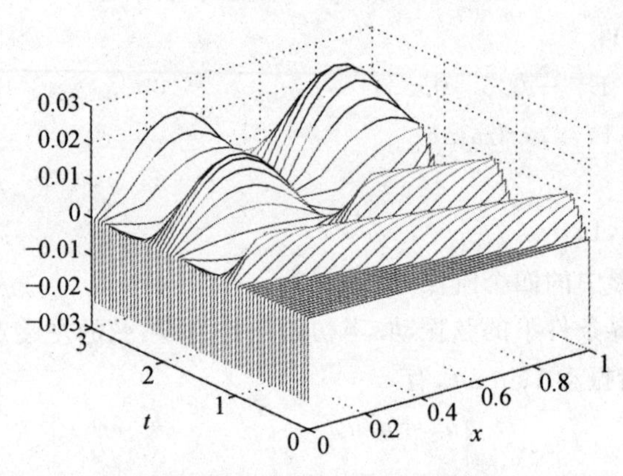

图 9.2　非齐次边界条件下弦振动解析解的瀑布图形

程序如下：

```
≫ clear
≫ a=1;  l=1;
≫ A=0.01;  w=6;
≫ x=0:0.05:1;
```

```
≫t=0:0.001:4.3;
≫[X,T]=meshgrid(x,t);
≫u0=A*sin(w*X./a).*sin(w.*T)/sin(w*l/a);
≫u=0;
≫for   n=1:100;
≫uu=(-1)^(n+1)*sin(n*pi*X/l).*sin(n*pi*a*T/l)...
≫/(w*w/a/a-n*n*pi*pi/l/l);
≫u=u+uu;
≫end
≫u=u0+2*A*w/a/l.*u;
≫figure(1)
≫axis([0   1   -0.05   0.05])
≫h=plot(x,u(1,:),'linewidth',3);
≫set(h,'erasemode','xor');
≫for   j=2:length(t);
≫set(h,'ydata',u(j,:));
≫axis([0   1   -0.05   0.05])
≫drawnow
≫end
≫figure(2)
≫waterfall(X(1:50:3000,:),T(1:50:3000,:),u(1:50:3000,:))
≫xlabel('x')
≫ylabel('t')
```

习题 9

1. 求解下列非齐次问题：

$$
(a)\begin{cases} u_t = a^2 u_{xx} + h, 0 < x < 1, t > 0 \\ u(x,0) = 0, 0 \leqslant x \leqslant 1 \\ u(0,t) = 0, t \geqslant 0 \\ u(1,t) = 0, t \geqslant 0 \end{cases},
$$

其中 h 是常数；

$$
\text{(b)}\begin{cases} u_{tt}=a^2u_{xx}+x^2, 0<x<1, t>0 \\ u(x,0)=x, 0\leqslant x\leqslant 1 \\ u_t(x,0)=0, 0\leqslant x\leqslant 1 \\ u(0,t)=0, t\geqslant 0 \\ u(1,t)=1, t\geqslant 0 \end{cases}.
$$

2. 求下列非齐次问题

$$
\begin{cases} u_t=a^2u_{xx}+A\sin \omega t, 0<x<l, t>0 \\ u(x,0)=0, 0\leqslant x\leqslant l \\ u_x(0,t)=0, t\geqslant 0 \\ u_x(l,t)=0, t\geqslant 0 \end{cases}
$$

其中 A 是常数.

3. 求下列非齐次问题

$$
\begin{cases} u_{tt}=4u_{xx}+3x, 0<x<1, t>0 \\ u(x,0)=8x(1-x), 0\leqslant x\leqslant 1 \\ u_t(x,0)=0, 0\leqslant x\leqslant 1 \\ u(0,t)=0, t\geqslant 0 \\ u(1,t)=3\sin t, t\geqslant 0 \end{cases}
$$

第 10 章　积分变换法

积分变换法是求解数理方程定解问题的重要方法之一，常用于求解无界区域或半无界区域上的问题，在地震勘探、核物理、通信技术等领域都有广泛的应用.

积分变换是将函数 $f(x)$ 经某种可逆的积分运算

$$F(\alpha)=\int K(x,\alpha)f(x)\mathrm{d}x$$

变成另一类函数 $F(\alpha)$，其中 α 是参变量，$K(x,\alpha)$ 是积分变换核，$F(\alpha)$ 称为函数 $f(x)$ 的像函数，$f(x)$ 称为 $F(\alpha)$ 的原像函数. 不同的核与不同的积分区域形成不同的积分变换.

通过积分变换，可将偏微分方程定解问题转换为依赖于参变量的常微分方程定解问题，使原来的常微分方程变为代数方程，从而将所求解问题简化. 求出常微分方程解后，再经逆变换，便得到原来待求问题的解. 本章将介绍两种积分变换法 —— 傅里叶积分变换和拉普拉斯积分变换，简单介绍变换的性质，并分别利用这两种变换方法求解偏微分方程定解问题.

10.1　傅里叶积分和傅里叶变换

前面介绍了周期函数和有限区间的傅里叶级数，那么定义在$(-\infty,+\infty)$区间上的非周期函数能否展开为傅里叶级数，或是找到类似于傅里叶级数的表达方式?

如果函数 $f(x)$ 是周期为 $2L$ 的周期函数，即 $f(x)=f(x+2L)$，它的傅里叶级数为

$$f(x)=\frac{a_0}{2}+\sum_{n=1}^{\infty}\left(a_n\cos\frac{n\pi}{L}x+b_n\sin\frac{n\pi}{L}x\right)\tag{10.1}$$

其中系数为

$$a_n=\frac{1}{L}\int_{-L}^{L}f(\xi)\cos\frac{n\pi}{L}\xi\mathrm{d}\xi,n=0,1,2,3,\cdots$$

$$b_n = \frac{1}{L}\int_{-L}^{L} f(\xi)\sin\frac{n\pi}{L}\xi\,d\xi, n=1,2,3,\cdots$$

令 $L\to\infty$,即区间$[-L,L]$转变为无限区间$(-\infty,+\infty)$. 如果函数 $f(x)$ 满足

$$\int_{-\infty}^{\infty} |f(x)|\,dx < \infty$$

则称函数 $f(x)$ 在区间$(-\infty,+\infty)$上是绝对可积的,并且由于

$$\int_{-\infty}^{\infty} |f(x)|\,dx \geqslant \int_{-\infty}^{\infty} f(x)\,dx$$

因此 $|f(x)|$ 在区间$(-\infty,+\infty)$上的绝对可积确保了函数 $f(x)$ 是可积的. 由 $L\to\infty$,且函数 $f(x)$ 的绝对可积性,可知

$$\frac{|a_0|}{2} = \frac{1}{2L}\left|\int_{-L}^{L} f(x)\,dx\right| \leqslant \frac{1}{2L}\int_{-\infty}^{\infty} |f(x)|\,dx \to 0$$

因此,将 a_0,a_n 和 b_n 的表达式代入式(10.1),令 $L\to\infty$,对式(10.1)左右两端同时取极限,可得

$$\begin{aligned} f(x) &= \lim_{L\to\infty}\sum_{n=1}^{\infty}\left(\frac{1}{L}\int_{-L}^{L} f(\xi)\cos\frac{n\pi}{L}\xi\,d\xi\cos\frac{n\pi}{L}x + \frac{1}{L}\int_{-L}^{L} f(\xi)\sin\frac{n\pi}{L}\xi\,d\xi\sin\frac{n\pi}{L}x\right) \\ &= \lim_{L\to\infty}\sum_{n=1}^{\infty}\left[\frac{1}{L}\int_{-L}^{L} f(\xi)\left(\cos\frac{n\pi}{L}\xi\cos\frac{n\pi}{L}x + \sin\frac{n\pi}{L}\xi\sin\frac{n\pi}{L}x\right)d\xi\right] \\ &= \lim_{L\to\infty}\sum_{n=1}^{\infty}\left[\frac{1}{L}\int_{-L}^{L} f(\xi)\cos\frac{n\pi}{L}(\xi - x)\,d\xi\right] \end{aligned} \tag{10.2}$$

令 $\alpha_n = \frac{n\pi}{L}$,且

$$\Delta\alpha = \alpha_n - \alpha_{n-1} = \frac{\pi}{L}$$

则

$$\begin{aligned} f(x) &= \lim_{L\to\infty}\sum_{n=1}^{\infty}\frac{1}{\pi}\left[\int_{-L}^{L} f(\xi)\cos\alpha_n(\xi - x)\,d\xi\right]\Delta\alpha \\ &= \lim_{L\to+\infty}\sum_{n=1}^{\infty} F(\alpha_n)\Delta\alpha \end{aligned}$$

其中

$$F(\alpha_n) = \frac{1}{\pi}\int_{-L}^{L} f(\xi)\cos\left[\alpha_n(\xi - x)\right]d\xi$$

当 $L\to\infty$ 时,$\Delta\alpha$ 变为微元 $d\alpha$,傅里叶级数转变成积分的形式,即

$$f(x) = \frac{1}{\pi}\int_{0}^{\infty}\int_{-\infty}^{\infty} f(\xi)\cos\alpha(\xi - x)\,d\xi\,d\alpha$$

由

$$\cos \alpha(\xi - x) = \frac{e^{i\alpha(\xi - x)} + e^{-i\alpha(\xi - x)}}{2}$$

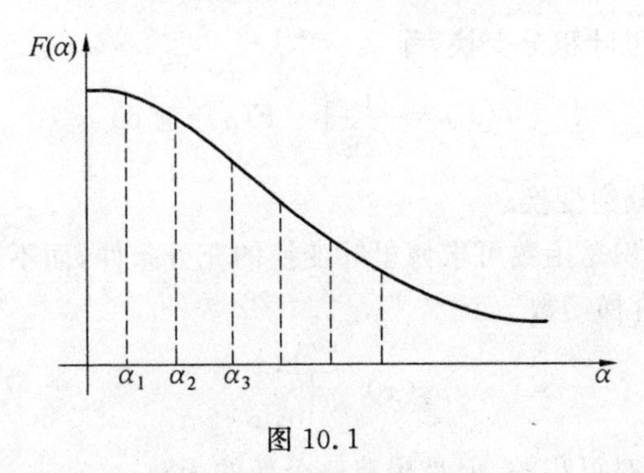

图 10.1

则

$$\begin{aligned} f(x) &= \frac{1}{2\pi}\int_0^\infty \int_{-\infty}^\infty f(\xi)\left[e^{i\alpha(\xi-x)} + e^{-i\alpha(\xi-x)}\right] d\xi d\alpha \\ &= \frac{1}{2\pi}\int_0^\infty \int_{-\infty}^\infty f(\xi) e^{i\alpha(\xi-x)} d\xi d\alpha + \frac{1}{2\pi}\int_0^\infty \int_{-\infty}^\infty f(\xi) e^{-i\alpha(\xi-x)} d\xi d\alpha \\ &= \frac{1}{2\pi}\int_0^\infty \int_{-\infty}^\infty f(\xi) e^{i\alpha(\xi-x)} d\xi d\alpha + \frac{1}{2\pi}\int_{-\infty}^0 \int_{-\infty}^\infty f(\xi) e^{i\alpha(\xi-x)} d\xi d\alpha \\ &= \frac{1}{2\pi}\int_{-\infty}^\infty \int_{-\infty}^\infty f(\xi) e^{i\alpha(\xi-x)} d\xi d\alpha \\ &= \frac{1}{\sqrt{2\pi}}\int_{-\infty}^\infty \left[\frac{1}{\sqrt{2\pi}}\int_{-\infty}^\infty f(\xi) e^{i\alpha\xi} d\xi\right] e^{-i\alpha x} d\alpha \qquad (10.3) \end{aligned}$$

所以式(10.2)或式(10.3)就是函数 $f(x)$ 的傅里叶积分.

注意到 $L \to \infty$ 和函数 $f(x)$ 的绝对可积性质保证了 $a_0 \to 0$；同时，为了使傅里叶积分也具有傅里叶级数的收敛性，要求函数 $f(x)$ 满足狄利克雷条件，即 $f(x)$ 分段光滑.

定理 10.1.1　(狄利克雷条件)假定函数 $f(x)$ 满足狄利克雷条件：

1. $f(x)$ 在 $(-\infty, +\infty)$ 上是有界的，且绝对可积的；

2. $f(x)$ 至多存在有限个第一类间断点和极值点.

对任意的 $x \in (-\infty, +\infty)$，有

$$\frac{f(x+0)+f(x-0)}{2} = \frac{1}{2\pi}\int_{-\infty}^{+\infty}\left[\int_{-\infty}^{+\infty} f(\xi) e^{i\alpha\xi} d\xi\right] e^{-i\alpha x} d\alpha$$

定义 10.1.1　如果函数 $f(x)$ 在区间 $(-\infty, +\infty)$ 分段光滑，且绝对可积，则

函数 $f(x)$ 具有傅里叶积分表达式(10.2)或(10.3),并且称

$$F[f(x)]=F(\alpha)=\frac{1}{\sqrt{2\pi}}\int_{-\infty}^{\infty} f(\xi)\mathrm{e}^{\mathrm{i}\alpha\xi}\,\mathrm{d}\xi$$

为函数 $f(x)$ 的傅里叶积分变换,称

$$f(x)=\frac{1}{\sqrt{2\pi}}\int_{-\infty}^{\infty} F(\alpha)\mathrm{e}^{-\mathrm{i}\alpha x}\,\mathrm{d}\alpha$$

为 $F(\alpha)$ 傅里叶积分逆变换.

注意到绝对可积是函数可求傅里叶变换的充分条件,而不是必要条件.

例 10.1.1 阶梯函数

$$u_a(x)=\begin{cases}1,x\geqslant a\\0,x<a\end{cases}$$

显然 $u_a(x)$ 不是绝对可积的,但是构造一个新的函数

$$u_{\beta,a}(x)=\begin{cases}\mathrm{e}^{-\beta x},x\geqslant a,\beta>0\\0,x<a\end{cases}$$

验证可知$\lim\limits_{\beta\to 0} u_{\beta,a}(x)=u_a(x)$,且该函数是绝对可积的,因此可求得函数 $u_{\beta,a}(x)$ 的傅里叶变换

$$\begin{aligned}F[u_{\beta,a}(x)]&=\frac{1}{\sqrt{2\pi}}\int_{-\infty}^{\infty} u_{\beta,a}(\xi)\mathrm{e}^{\mathrm{i}\alpha\xi}\,\mathrm{d}\xi\\&=\frac{1}{\sqrt{2\pi}}\int_{0}^{\infty} \mathrm{e}^{-\beta\xi}(\xi)\mathrm{e}^{\mathrm{i}\alpha\xi}\,\mathrm{d}\xi\\&=\frac{1}{\sqrt{2\pi}}\frac{1}{\beta-\mathrm{i}\alpha}\end{aligned}$$

则

$$F[u_a(x)]=\lim_{\beta\to 0}F[u_{\beta,a}(x)]=\frac{1}{\sqrt{2\pi}}\frac{\mathrm{i}}{\alpha}$$

因此,虽然函数 $u_a(x)$ 并不绝对可积,但仍可求傅里叶变换.

此外,如果函数 $f(x)$ 是奇函数,且满足狄利克雷条件,则傅里叶变换称为正弦傅里叶变换

$$F_s(\alpha)=\sqrt{\frac{2}{\pi}}\int_0^{\infty} f(\xi)\sin\xi\alpha\,\mathrm{d}\xi$$

其逆变换为

$$f(x)=\sqrt{\frac{2}{\pi}}\int_0^{\infty} F_s(\alpha)\sin x\alpha\,\mathrm{d}\alpha$$

或者，若 x 是第一类间断点，则

$$\frac{f(x+0)+f(x-0)}{2}=\frac{1}{2\pi}\int_{-\infty}^{+\infty}\left[\int_{-\infty}^{+\infty}f(\xi)\sin\alpha(x-\xi)\mathrm{d}\xi\right]\mathrm{d}\alpha$$

如果函数 $f(x)$ 是偶函数，且满足狄利克雷条件，则傅里叶变换称为余弦傅里叶变换

$$F_c(\alpha)=\sqrt{\frac{2}{\pi}}\int_0^{\infty}f(\xi)\cos\xi\alpha\,\mathrm{d}\xi$$

其逆变换为

$$f(x)=\sqrt{\frac{2}{\pi}}\int_0^{\infty}F_c(\alpha)\cos x\alpha\,\mathrm{d}\alpha$$

或者，若 x 是第一类间断点，则

$$\frac{f(x+0)+f(x-0)}{2}=\frac{1}{2\pi}\int_{-\infty}^{+\infty}\left[\int_{-\infty}^{+\infty}f(\xi)\cos\alpha(x-\xi)\mathrm{d}\xi\right]\mathrm{d}\alpha$$

10.2　傅里叶变换的性质

1. 线性性质

如果 $f(x)$ 和 $g(x)$ 是分段光滑且绝对可积的，a 和 b 是任意常数，则

$$F[af(x)+bg(x)]=aF[f(x)]+bF[g(x)]$$

证明

$$\begin{aligned}F[af(x)+bg(x)]&=\frac{1}{\sqrt{2\pi}}\int_{-\infty}^{\infty}[af(\xi)+bg(\xi)]\mathrm{e}^{-\mathrm{i}\alpha\xi}\mathrm{d}\xi\\&=a\frac{1}{\sqrt{2\pi}}\int_{-\infty}^{\infty}f(\xi)\mathrm{e}^{-\mathrm{i}\alpha\xi}\mathrm{d}\xi+b\frac{1}{\sqrt{2\pi}}\int_{-\infty}^{\infty}g(\xi)\mathrm{e}^{-\mathrm{i}\alpha\xi}\mathrm{d}\xi\\&=aF[f(x)]+bF[g(x)]\end{aligned}$$

2. 相似性质

设 $F[f(x)]=F(\alpha)$ 是 $f(x)$ 的傅里叶变换，那么

$$F[f(cx)]=\frac{1}{|c|}F\left(\frac{\alpha}{c}\right)$$

其中 c 是不等于零的实常数.

证明

$$F[f(cx)]=\frac{1}{\sqrt{2\pi}}\int_{-\infty}^{\infty}f(c\xi)\mathrm{e}^{\mathrm{i}\alpha\xi}\mathrm{d}\xi$$

$$
\begin{cases}
=\dfrac{1}{\sqrt{2\pi}}\displaystyle\int_{-\infty}^{\infty} f(\eta)\mathrm{e}^{\mathrm{i}\frac{\alpha}{c}\eta}\ \frac{1}{c}\mathrm{d}\eta, c>0 \\
=\dfrac{1}{\sqrt{2\pi}}\displaystyle\int_{-\infty}^{-\infty} f(\eta)\mathrm{e}^{\mathrm{i}\frac{\alpha}{c}\eta}\ \frac{1}{c}\mathrm{d}\eta, c<0
\end{cases}
$$

$$
=\frac{1}{\sqrt{2\pi}\ |c|}\int_{-\infty}^{\infty} f(\eta)\mathrm{e}^{\mathrm{i}\frac{\eta}{c}\eta}\mathrm{d}\eta=\frac{1}{|c|}F\left(\frac{\alpha}{c}\right)
$$

3.微分性质

如果 $f(x)$ 和 $f'(x)$ 是分段光滑且绝对可积的，并且 $\lim\limits_{|x|\to\infty} f(x)=0$，则

$$
F[f'(x)]=(-\mathrm{i}\alpha)F[f(x)]
$$

证明

$$
F[f'(x)]=\frac{1}{\sqrt{2\pi}}\int_{-\infty}^{\infty} f'(\xi)\mathrm{e}^{\mathrm{i}\alpha\xi}\mathrm{d}\xi
$$

$$
=\frac{1}{\sqrt{2\pi}}\int_{-\infty}^{\infty}\mathrm{e}^{\mathrm{i}\alpha\xi}\mathrm{d}f(\xi)
$$

$$
=\frac{1}{\sqrt{2\pi}}[\mathrm{e}^{\mathrm{i}\alpha\xi}f(\xi)\ |_{-\infty}^{\infty}-\int_{-\infty}^{\infty}(\mathrm{i}\alpha)f(\xi)\mathrm{e}^{\mathrm{i}\alpha\xi}\mathrm{d}\xi]
$$

$$
=(-\mathrm{i}\alpha)\ \frac{1}{\sqrt{2\pi}}\int_{-\infty}^{\infty} f(\xi)\mathrm{e}^{\mathrm{i}\alpha\xi}\mathrm{d}\xi
$$

$$
=(-\mathrm{i}\alpha)F[f(x)]
$$

同理，假定 $f(x)$ 和 $f^{(k)}(x)(k=1,2,\cdots,n)$ 是可求傅里叶变换的，且 $f^{(k)}(\pm\infty)=0, k=0,1,\cdots,n-1$，这里 $f^{(0)}(x)=f(x)$，则

$$
F[f^{n}(x)]=(-\mathrm{i}\alpha)^{n}F[f(x)]
$$

4.积分性质

如果 $f(x)$ 是可求傅里叶变换的，则

$$
F[\int_{-\infty}^{x} f(\xi)\mathrm{d}\xi]=-\frac{1}{\mathrm{i}\alpha}F[f(x)]
$$

证明　因为

$$
\frac{\mathrm{d}}{\mathrm{d}x}\int_{-\infty}^{x} f(\xi)\mathrm{d}\xi=f(x)
$$

所以

$$F\left[\frac{\mathrm{d}}{\mathrm{d}x}\int_{-\infty}^{x} f(\xi)\mathrm{d}\xi\right]=F[f(x)]$$

根据傅里叶变换的微分性质

$$F\left[\frac{\mathrm{d}}{\mathrm{d}x}\int_{-\infty}^{x} f(\xi)\mathrm{d}\xi\right]=(-\mathrm{i}\alpha)F\left[\int_{-\infty}^{x} f(\xi)\mathrm{d}\xi\right]$$

所以

$$F\left[\int_{-\infty}^{x} f(\xi)\mathrm{d}\xi\right]=-\frac{1}{\mathrm{i}\alpha}F[f(x)]$$

5. 位移性质

如果 $f(x)$ 是分段光滑且绝对可积的，且 c 是常数，则

$$F[f(x-c)]=\mathrm{e}^{\mathrm{i}\alpha c}F[f(x)]$$

证明

$$\begin{aligned}F[f(x-c)]&=\frac{1}{\sqrt{2\pi}}\int_{-\infty}^{\infty} f(\xi-c)\mathrm{e}^{-\mathrm{i}\alpha\xi}\mathrm{d}\xi\\&\xlongequal{令\ \eta=\xi-c}\frac{1}{\sqrt{2\pi}}\int_{-\infty}^{\infty} f(\eta)\mathrm{e}^{-\mathrm{i}\alpha(\eta+c)}\mathrm{d}\eta\\&=\frac{1}{\sqrt{2\pi}}\int_{-\infty}^{\infty}\mathrm{e}^{-\mathrm{i}\alpha c} f(\eta)\mathrm{e}^{-\mathrm{i}\alpha\eta}\mathrm{d}\eta\\&=\mathrm{e}^{\mathrm{i}\alpha c}F[f(x)]\end{aligned}$$

6. 卷积性质

设函数 $f(x)$ 和 $g(x)$ 定义在区间$(-\infty,\infty)$ 上，则它们的卷积定义为

$$f*g(x)=\frac{1}{\sqrt{2\pi}}\int_{-\infty}^{\infty} f(x-\xi)g(\xi)\mathrm{d}\xi$$

或

$$g*f(x)=\frac{1}{\sqrt{2\pi}}\int_{-\infty}^{\infty} g(x-\xi)f(\xi)\mathrm{d}\xi$$

设 $F(\alpha)=F[f(x)]$，$G(\alpha)=F[g(x)]$，则 $F(\alpha)$ 和 $G(\alpha)$ 的卷积定义为

$$F*G(\alpha)=\frac{1}{\sqrt{2\pi}}\int_{-\infty}^{\infty} F(\alpha-S)G(S)\mathrm{d}S$$

或

$$G*F(\alpha)=\frac{1}{\sqrt{2\pi}}\int_{-\infty}^{\infty} G(\alpha-S)F(S)\mathrm{d}S$$

如下两个性质成立：

(1)$F[f*g(x)]=F(\alpha)\cdot G(\alpha)$；

(2)$F[f(x)\cdot g(x)]=F*G(\alpha)$.

证明

$$
\begin{aligned}
(1)F[f*g(x)]&=\frac{1}{\sqrt{2\pi}}\int_{-\infty}^{\infty}f*g(x)\mathrm{e}^{-\mathrm{i}\alpha x}\,\mathrm{d}x\\
&=\frac{1}{\sqrt{2\pi}}\int_{-\infty}^{\infty}\left[\frac{1}{\sqrt{2\pi}}\int_{-\infty}^{\infty}f(x-\xi)g(\xi)\mathrm{d}\xi\right]\mathrm{e}^{-\mathrm{i}\alpha x}\,\mathrm{d}x\\
&=\frac{1}{\sqrt{2\pi}}\int_{-\infty}^{\infty}\left[\frac{1}{\sqrt{2\pi}}\int_{-\infty}^{\infty}f(x-\xi)\mathrm{e}^{-\mathrm{i}\alpha x}\,\mathrm{d}x\right]g(\xi)\mathrm{d}\xi\\
&\xlongequal{\text{令 }\eta=x-\xi}\frac{1}{\sqrt{2\pi}}\int_{-\infty}^{\infty}\left[\frac{1}{\sqrt{2\pi}}\int_{-\infty}^{\infty}f(\eta)\mathrm{e}^{-\mathrm{i}\alpha\eta+\xi}\mathrm{d}\eta\right]g(\xi)\mathrm{d}\xi\\
&=\frac{1}{\sqrt{2\pi}}\int_{-\infty}^{\infty}\left[\frac{1}{\sqrt{2\pi}}\int_{-\infty}^{\infty}f(\eta)\mathrm{e}^{-\mathrm{i}\alpha\eta}\,\mathrm{d}\eta\right]g(\xi)\mathrm{e}^{-\mathrm{i}\alpha\xi}\,\mathrm{d}\xi\\
&=\frac{1}{\sqrt{2\pi}}\int_{-\infty}^{\infty}f(\eta)\mathrm{e}^{-\mathrm{i}\alpha\eta}\,\mathrm{d}\eta\cdot\frac{1}{\sqrt{2\pi}}\int_{-\infty}^{\infty}g(\xi)\mathrm{e}^{-\mathrm{i}\alpha\xi}\,\mathrm{d}\xi\\
&=F(\alpha)\cdot G(\alpha)
\end{aligned}
$$

$$
\begin{aligned}
(2)F*G(\alpha)&=\frac{1}{\sqrt{2\pi}}\int_{-\infty}^{\infty}F(\alpha-S)G(S)\mathrm{d}S\\
&=\frac{1}{\sqrt{2\pi}}\int_{-\infty}^{\infty}\left[\frac{1}{\sqrt{2\pi}}\int_{-\infty}^{\infty}f(\xi)\mathrm{e}^{-\mathrm{i}(\alpha-S)\xi}\,\mathrm{d}\xi\right]G(S)\mathrm{d}S\\
&=\frac{1}{\sqrt{2\pi}}\int_{-\infty}^{\infty}f(\xi)\left[\frac{1}{\sqrt{2\pi}}\int_{-\infty}^{\infty}G(S)\mathrm{e}^{\mathrm{i}S\xi}\,\mathrm{d}S\right]\mathrm{e}^{-\mathrm{i}\alpha\xi}\,\mathrm{d}\xi\\
&=\frac{1}{\sqrt{2\pi}}\int_{-\infty}^{\infty}f(\xi)g(\xi)\mathrm{e}^{-\mathrm{i}\alpha\xi}\,\mathrm{d}\xi\\
&=F[f(x)\cdot g(x)]
\end{aligned}
$$

10.3 傅里叶变换的应用

本节通过典型例子说明傅里叶变换在求解数理方程中的应用.

例 10.3.1 弦振动柯西问题

$$\begin{cases} u_{tt}=c^2u_{xx},-\infty<x<\infty,t>0 & (10.4)\\ u(x,0)=\varphi(x),-\infty<x<\infty & (10.5)\\ u_t(x,0)=\psi(x),-\infty<x<\infty & (10.6)\end{cases}$$

解　设 $F[u(x,t)]=V(\alpha,t),F[\varphi(x)]=F(\alpha),F[\psi(x)]=G(\alpha)$. 对式(10.4)～式(10.6)两端关于 x 分别进行傅里叶变换，由傅里叶变换的微分性质，可得

$$\begin{cases} \frac{\mathrm{d}}{\mathrm{d}t^2}V(\alpha,t)=-c^2\alpha^2V(\alpha,t),t>0 & (10.7)\\ V(\alpha,0)=F(\alpha) & (10.8)\\ V_t(\alpha,0)=G(\alpha) & (10.9)\end{cases}$$

问题(10.7)～(10.9)是含参数 α 的关于变量 t 的二阶常微分方程柯西问题，其通解为

$$V(\alpha,t)=c_1\cos c\alpha t+c_2\sin c\alpha t$$

由初始条件(10.8)，(10.9)可分别确定出 $c_1=F(\alpha),c_2=\frac{1}{c\alpha}G(\alpha)$. 因此问题(10.7)～(10.9)的解是

$$V(\alpha,t)=F(\alpha)\cos c\alpha t+\frac{1}{c\alpha}G(\alpha)\sin c\alpha t$$

对上式左右两端关于参数 α 同时求傅里叶逆变换，等式右端第一项求逆变换为

$$\begin{aligned}F^{-1}[F(\alpha)\cos c\alpha t]&=\frac{1}{\sqrt{2\pi}}\int_{-\infty}^{+\infty}F(\alpha)\cos c\alpha t\,\mathrm{e}^{-\mathrm{i}\alpha x}\,\mathrm{d}\alpha\\&=\frac{1}{2\sqrt{2\pi}}\int_{-\infty}^{+\infty}F(\alpha)(\mathrm{e}^{\mathrm{i}c\alpha t}+\mathrm{e}^{-\mathrm{i}c\alpha t})\mathrm{e}^{-\mathrm{i}\alpha x}\,\mathrm{d}\alpha\\&=\frac{1}{2\sqrt{2\pi}}\int_{-\infty}^{+\infty}F(\alpha)(\mathrm{e}^{-\mathrm{i}\alpha(x-ct)}+\mathrm{e}^{-\mathrm{i}\alpha(x+ct)})\mathrm{d}\alpha\\&=\frac{1}{2}[\varphi(x-ct)+\varphi(x+ct)]\end{aligned}$$

等式右端第二项的傅里叶逆变换为

$$F^{-1}\left[\frac{1}{c\alpha}G(\alpha)\sin c\alpha t\right]=\frac{1}{2c}F^{-1}\left[\frac{1}{\mathrm{i}\alpha}G(\alpha)\mathrm{e}^{\mathrm{i}c\alpha t}-\frac{1}{\mathrm{i}\alpha}G(\alpha)\mathrm{e}^{-\mathrm{i}c\alpha t}\right]$$

由傅里叶变换的积分性质和位移性质可知，如果 $F^{-1}[F(\alpha)]=f(x)$，则

$$F^{-1}\left[\frac{-1}{\mathrm{i}\alpha}F(\alpha)\right]=\int_0^{\xi}f(\xi)\mathrm{d}\xi,F^{-1}[F(\alpha)\mathrm{e}^{\mp\mathrm{i}c\alpha}]=f(x\pm c)$$

因此

$$F^{-1}\left[\frac{1}{\mathrm{i}\alpha}G(\alpha)\mathrm{e}^{\mathrm{i}\alpha ct}\right]=-\int_0^{x-ct}\psi(\eta)\mathrm{d}\eta=\int_{x-ct}^0\psi(\eta)\mathrm{d}\eta$$

$$F^{-1}\left[\frac{1}{\mathrm{i}\alpha}G(\alpha)\mathrm{e}^{-\mathrm{i}\alpha ct}\right]=-\int_0^{x+ct}\psi(\xi)\mathrm{d}\xi$$

$$F^{-1}\left[\frac{1}{c\alpha}G(\alpha)\sin c\alpha t\right]=\frac{1}{2c}\left[\int_{x-ct}^0\psi(\xi)\mathrm{d}\xi+\int_0^{x+ct}\psi(\xi)\mathrm{d}\xi\right]=\frac{1}{2c}\int_{x-ct}^{x+ct}\psi(\xi)\mathrm{d}\xi$$

最终得到弦振动柯西问题(10.4)～(10.6)的解

$$u(x,t)=\frac{1}{2}[\varphi(x-ct)+\varphi(x+ct)]+\frac{1}{2c}\int_{x-ct}^{x+ct}\psi(\xi)\mathrm{d}\xi$$

此为达朗贝尔公式.

例 10.3.2 求解半平面 $y>0$ 上的狄利克雷问题

$$\begin{cases}u_{xx}+u_{yy}=0,-\infty<x<\infty,y>0 & (10.10)\\ u(x,0)=f(x),-\infty<x<\infty & (10.11)\\ \lim\limits_{|x|\to\infty}u(x,y)=0,\lim\limits_{|x|\to\infty}u_x(x,y)=0 & (10.12)\\ \lim\limits_{y\to+\infty}|u(x,y)|<+\infty & (10.13)\end{cases}$$

解 设 $F[u(x,y)]=V(\alpha,y),F[f(x)]=F(\alpha)$. 对式(10.10),式(10.11)和式(10.13)两端关于 x 分别进行傅里叶变换,由傅里叶变换的线性性质和微分性质,可得

$$\begin{cases}\dfrac{\mathrm{d}^2V}{\mathrm{d}y^2}-\alpha^2V=0 & (10.14)\\ V(\alpha,0)=F(\alpha) & (10.15)\\ \lim\limits_{y\to+\infty}|V(\alpha,y)|<+\infty & (10.16)\end{cases}$$

问题(10.14)～(10.16)是含参数 α 的关于变量 y 的二阶常微分方程定解问题,其通解为

$$V(\alpha,y)=C_1(\alpha)\mathrm{e}^{\alpha y}+C_2(\alpha)\mathrm{e}^{-\alpha y}$$

由条件(10.16)可知

$$\begin{cases}C_1(\alpha)=0,\alpha>0\\ C_2(\alpha)=0,\alpha<0\end{cases}$$

所以

$$V(\alpha,y)=\begin{cases}C_2(\alpha)\mathrm{e}^{-\alpha y},\alpha>0\\ C_1(\alpha)\mathrm{e}^{\alpha y},\alpha<0\end{cases}=C(\alpha)\mathrm{e}^{-|\alpha|y}$$

由条件(10.15),有

$$V(\alpha,y)=F(\alpha)\mathrm{e}^{-|\alpha|y}$$

对上式左右两端关于参数 α 同时求傅里叶逆变换,可求得

$$\begin{aligned}
u(x,y)&=F^{-1}[F(\alpha)\mathrm{e}^{-|\alpha|y}]=\frac{1}{\sqrt{2\pi}}\int_{-\infty}^{+\infty}F(\alpha)\mathrm{e}^{-|\alpha|y}\cdot\mathrm{e}^{-\mathrm{i}\alpha x}\mathrm{d}\alpha\\
&=\frac{1}{\sqrt{2\pi}}\int_{-\infty}^{+\infty}\left[\frac{1}{\sqrt{2\pi}}\int_{-\infty}^{+\infty}f(\xi)\mathrm{e}^{\mathrm{i}\alpha\xi}\mathrm{d}\xi\right]\mathrm{e}^{-|\alpha|y-\mathrm{i}\alpha x}\mathrm{d}\alpha\\
&=\frac{1}{2\pi}\int_{-\infty}^{+\infty}f(\xi)\left[\int_{-\infty}^{+\infty}\mathrm{e}^{-|\alpha|y+\mathrm{i}(\xi-x)\alpha}\mathrm{d}\alpha\right]\mathrm{d}\xi\\
&=\frac{1}{2\pi}\int_{-\infty}^{+\infty}f(\xi)\left[\int_{0}^{+\infty}\mathrm{e}^{-[y-\mathrm{i}(\xi-x)]\alpha}\mathrm{d}\alpha+\int_{-\infty}^{0}\mathrm{e}^{[y+\mathrm{i}(\xi-x)]\alpha}\mathrm{d}\alpha\right]\mathrm{d}\xi\\
&=\frac{1}{2\pi}\int_{-\infty}^{+\infty}f(\xi)\left[\frac{-\mathrm{e}^{-[y-\mathrm{i}(\xi-x)]\alpha}}{y-\mathrm{i}(\xi-x)}\bigg|_{0}^{\infty}+\frac{\mathrm{e}^{[y+\mathrm{i}(\xi-x)]\alpha}}{y+\mathrm{i}(\xi-x)}\bigg|_{-\infty}^{0}\right]\mathrm{d}\xi\\
&=\frac{1}{2\pi}\int_{-\infty}^{+\infty}f(\xi)\left[\frac{1}{y-\mathrm{i}(\xi-x)}+\frac{1}{y+\mathrm{i}(\xi-x)}\right]\mathrm{d}\xi\\
&=\frac{y}{\pi}\int_{-\infty}^{+\infty}\frac{f(\xi)}{y^2+(\xi-x)^2}\mathrm{d}\xi
\end{aligned}$$

例 10.3.3 求解半平面 $y>0$ 上的诺依曼问题

$$\begin{cases}
u_{xx}+u_{yy}=0,-\infty<x<\infty,y>0 & (10.17)\\
u_y(x,0)=f(x),-\infty<x<\infty & (10.18)\\
\lim\limits_{|x|\to\infty}u_y(x,y)=0,\ \lim\limits_{|x|\to\infty}u_{yx}(x,y)=0 & (10.19)\\
\lim\limits_{y\to+\infty}|u_y(x,y)|<+\infty & (10.20)
\end{cases}$$

解 设 $V(x,y)=u_y(x,y)$,则

$$u(x,y)=\int_a^y V(x,\eta)\mathrm{d}\eta$$

因此,对式(10.17)左右两端同时关于 y 求偏导,可得

$$\begin{cases}
V_{xx}+V_{yy}=(u_{xx}+u_{yy})_y=0\\
V(x,0)=u_y(x,0)=f(x)\\
\lim\limits_{|x|\to\infty}V(x,y)=0,\ \lim\limits_{|x|\to\infty}V_x(x,y)=0\\
\lim\limits_{y\to+\infty}|V(x,y)|<+\infty
\end{cases}$$

函数 $V(x,y)$ 满足的定解问题的形式与例 10.3.2 相同,因此利用例 10.3.2 的结果,求出

$$V(x,y)=\frac{y}{\pi}\int_{-\infty}^{+\infty}\frac{f(\xi)}{y^2+(\xi-x)^2}\mathrm{d}\xi$$

则

$$\begin{aligned}u(x,y)&=\int_a^y\left\{\frac{\eta}{\pi}\int_{-\infty}^{+\infty}\frac{f(\xi)}{\eta^2+(\xi-x)^2}\mathrm{d}\xi\right\}\mathrm{d}\eta\\&=\frac{1}{\pi}\int_{-\infty}^{+\infty}f(\xi)\left(\int_a^y\frac{\eta}{\eta^2+(\xi-x)^2}\mathrm{d}\eta\right)\mathrm{d}\xi\\&=\frac{1}{2\pi}\int_{-\infty}^{+\infty}f(\xi)\ln\left(\frac{y^2+(\xi-x)^2}{a^2+(\xi-x)^2}\right)\mathrm{d}\xi\end{aligned}$$

例 10.3.4 求解无限杆上的热传导问题

$$\begin{cases}u_t-a^2u_{xx}=0,-\infty<x<\infty,t>0 & (10.21)\\u(x,0)=f(x),-\infty<x<\infty & (10.22)\end{cases}$$

解 对式(10.21)和式(10.22)两端关于 x 求傅里叶变换,设

$$F[u(x,t)]=V(\alpha,t),F[f(x)]=F(\alpha)$$

由傅里叶变换的线性性质和微分性质,得到

$$\begin{cases}\dfrac{\mathrm{d}V(\alpha,t)}{\mathrm{d}t}=-a^2\alpha^2V(\alpha,t),t>0 & (10.23)\\V(\alpha,0)=F(\alpha) & (10.24)\end{cases}$$

问题(10.23),(10.24)是含参数 α 的关于变量 t 的一阶常微分方程定解问题,其解为

$$V(\alpha,t)=F(\alpha)\mathrm{e}^{-a^2\alpha^2t}$$

对上式关于 α 求傅里叶逆变换,解得

$$\begin{aligned}u(x,t)&=F^{-1}F[u(x,t)]=F^{-1}[V(\alpha,t)]\\&=F^{-1}[F(\alpha)\mathrm{e}^{-a^2\alpha^2t}]=F^{-1}\{F[f(x)]\cdot FF^{-1}[\mathrm{e}^{-a^2\alpha^2t}]\}\end{aligned}$$

由卷积性质可知

$$u(x,t)=f(x)*F^{-1}[\mathrm{e}^{-a^2\alpha^2t}]$$

设 $g(x,t)=F^{-1}[\mathrm{e}^{-a^2\alpha^2t}]$,则

$$\begin{aligned}g(x,t)=F^{-1}[\mathrm{e}^{-a^2\alpha^2t}]&=\frac{1}{\sqrt{2\pi}}\int_{-\infty}^{+\infty}\mathrm{e}^{-a^2\alpha^2t}\mathrm{e}^{-\mathrm{i}\alpha x}\mathrm{d}\alpha\\&=\frac{1}{\sqrt{2\pi}}\int_{-\infty}^{+\infty}\mathrm{e}^{-a^2\alpha^2t}(\cos\alpha x-\mathrm{i}\sin\alpha x)\mathrm{d}\alpha\\&=\frac{1}{\sqrt{2\pi}}\int_{-\infty}^{+\infty}\mathrm{e}^{-a^2\alpha^2t}\cos\alpha x\,\mathrm{d}\alpha\end{aligned}$$

$$\frac{\mathrm{d}g}{\mathrm{d}x}=\frac{1}{\sqrt{2\pi}}\int_{-\infty}^{+\infty}\mathrm{e}^{-a^2\alpha^2 t}(-\alpha\sin\alpha x)\mathrm{d}\alpha$$

$$=\frac{1}{\sqrt{2\pi}}\left\{\int_{-\infty}^{+\infty}\frac{1}{2a^2t}(\mathrm{e}^{-a^2\alpha^2 t})'_{\alpha}\sin\alpha x\,\mathrm{d}\alpha\right\}$$

$$=\frac{1}{2a^2t}\frac{1}{\sqrt{2\pi}}\left\{\mathrm{e}^{-a^2\alpha^2 t}\sin\alpha x\,\Big|_{-\infty}^{+\infty}-\int_{-\infty}^{+\infty}\mathrm{e}^{-a^2\alpha^2 t}(x\cos\alpha x)\mathrm{d}\alpha\right\}$$

$$=-\frac{x}{2a^2t}\left(\frac{1}{\sqrt{2\pi}}\int_{-\infty}^{+\infty}\mathrm{e}^{-a^2\alpha^2 t}\cos\alpha x\,\mathrm{d}\alpha\right)=-\frac{x}{2a^2t}g$$

由此得出

$$\frac{\mathrm{d}g}{\mathrm{d}x}+\frac{x}{2a^2t}g=0$$

$$g(x,t)=F^{-1}[\mathrm{e}^{-a^2\alpha^2 t}]=c(t)\mathrm{e}^{-\frac{x^2}{4a^2t}}$$

令 $\eta=a\alpha\sqrt{t}$，有 $\mathrm{d}\alpha=\frac{\mathrm{d}\eta}{a\sqrt{t}}$，且

$$g(0,t)=\frac{1}{\sqrt{2\pi}}\int_{-\infty}^{+\infty}\mathrm{e}^{-a^2\alpha^2 t}\mathrm{d}\alpha=\frac{1}{a\sqrt{t}}\cdot\frac{1}{\sqrt{2\pi}}\int_{-\infty}^{+\infty}\mathrm{e}^{-\eta^2}\mathrm{d}\eta=\frac{1}{a\sqrt{2t}}$$

由此可得

$$c(t)=\frac{1}{a\sqrt{2t}},g(x,t)=\frac{1}{a\sqrt{2t}}\cdot\mathrm{e}^{-\frac{x^2}{4a^2t}}$$

则

$$u(x,t)=f*g(x,t)=f(x)*\frac{1}{a\sqrt{2t}}\mathrm{e}^{\frac{-x^2}{4a^2t}}=\frac{1}{a\sqrt{2t}}\int_{-\infty}^{+\infty}f(\xi)\mathrm{e}^{-\frac{(\xi-x)^2}{4a^2t}}\mathrm{d}\xi$$

特别地，如果 $f(x)=\begin{cases}a,x>0\\0,x<0\end{cases}$，则

$$u(x,t)=\frac{1}{2\sqrt{\pi t}}\int_{0}^{+\infty}\mathrm{e}^{-\frac{(\xi-x)^2}{4a^2t}}\mathrm{d}\xi$$

$$\xlongequal{令\ \eta=\frac{\xi-x}{2a\sqrt{t}}}\frac{a}{\sqrt{\pi}}\int_{-\frac{x}{2a\sqrt{t}}}^{+\infty}\mathrm{e}^{-\eta^2}\mathrm{d}\eta$$

$$=\frac{a}{\sqrt{\pi}}\left\{\int_{0}^{\infty}\mathrm{e}^{-\eta^2}\mathrm{d}\eta+\int_{-\frac{x}{2a\sqrt{t}}}^{0}\mathrm{e}^{-\eta^2}\mathrm{d}\eta\right\}$$

$$=\frac{a}{2}\left[1+\frac{2}{\sqrt{\pi}}\int_{0}^{\frac{x}{2a\sqrt{t}}}\mathrm{e}^{-\eta^2}\mathrm{d}\eta\right]$$

$$=\frac{a}{2}\left[1+\operatorname{erf}\left(\frac{x}{2a\sqrt{t}}\right)\right]$$

其中 erf(·) 称作误差函数.

例 10.3.5

$$\begin{cases}u_{xx}+u_{yy}=0,0<x<\infty,0<y<2 & (10.25)\\ u(0,y)=0,0<y<2 & (10.26)\\ u(x,0)=f(x),u(x,2)=0 & (10.27)\end{cases}$$

解 设

$$U(\alpha,y)=\sqrt{\frac{2}{\pi}}\int_0^{\infty}u(x,y)\sin\alpha x\,\mathrm{d}x\equiv F_s(u(x,y))$$

由傅里叶变换的线性性质和微分性质,可得

$$F_s[u_{xx}+u_{yy}]=-\alpha^2F_s[u]-\alpha u(0,y)+\frac{\mathrm{d}^2}{\mathrm{d}y^2}F_s[u]$$

$$=\frac{\mathrm{d}^2U}{\mathrm{d}y^2}-\alpha^2U=0$$

由条件(10.27),有

$$F(\alpha)\equiv F_s[u(x,0)]=F_s[f(x)],G(\alpha)\equiv F_s[u(x,2)]=0$$

因此可得到含参变量 α 的关于变量 y 的二阶常微分方程定解问题

$$\begin{cases}\frac{\mathrm{d}^2U}{\mathrm{d}y^2}-\alpha^2U=0,0<y<2 & (10.28)\\ U(\alpha,0)=F(\alpha) & (10.29)\\ U(\alpha,2)=0 & (10.30)\end{cases}$$

其解为

$$U(\alpha,y)=\frac{F(\alpha)}{\sinh 2\alpha}\cdot\sinh\alpha(2-y)$$

由正弦傅里叶逆变换可求得定解问题(10.28)～(10.30)的解是

$$u(x,y)=\frac{2}{\pi}\int_0^{\infty}\frac{F(\alpha)}{\sinh 2\alpha}\cdot\sin\alpha(2-y)\sin\alpha x\,\mathrm{d}\alpha$$

例 10.3.6 求解如下温度分布问题

$$\begin{cases}u_t=u_{xx},0<x<\infty,t>0 & (10.31)\\ u(x,0)=0,0\leqslant x<\infty & (10.32)\\ \lim\limits_{x\to\infty}u(x,t)=\lim\limits_{x\to\infty}u_x(x,t)=0 & (10.33)\end{cases}$$

解　设

$$U(\alpha,t)=F_c[u(x,t)]=\sqrt{\frac{2}{\pi}}\int_0^{\infty}u(x,y)\cos\alpha x\,\mathrm{d}x$$

由傅里叶变换的线性性质和微分性质,可得

$$\begin{cases}\dfrac{\mathrm{d}U}{\mathrm{d}t}+\alpha^2U=-\sqrt{\dfrac{2}{\pi}}g(t) & (10.34)\\ U(\alpha,0)=0 & (10.35)\end{cases}$$

因此可得到含参变量 α 的关于变量 t 的一阶常微分方程定解问题(10.34),(10.35)的解为

$$U(\alpha,t)=-\sqrt{\frac{2}{\pi}}\int_0^t g(\tau)\mathrm{e}^{-\alpha^2(t-\tau)}\mathrm{d}\tau$$

则原问题的解为

$$\begin{aligned}u(x,t)&=-\frac{2}{\pi}\int_0^{\infty}\left[\int_0^t g(\tau)\mathrm{e}^{-\alpha^2(t-\tau)}\mathrm{d}\tau\right]\cos\alpha x\,\mathrm{d}\alpha\\&=-\frac{2}{\pi}\int_0^t g(\tau)\left[\int_0^{\infty}\mathrm{e}^{-\alpha^2(t-\tau)}\cos\alpha x\,\mathrm{d}\alpha\right]\mathrm{d}\tau\\&=-\frac{1}{\sqrt{\pi}}\int_0^t\frac{g(\tau)}{\sqrt{t-\tau}}\cdot\mathrm{e}^{-\frac{x^2}{4(t-\tau)}}\mathrm{d}\tau\end{aligned}$$

例 10.3.7　脉冲函数

$$P_\varepsilon(x,a)=\begin{cases}h,\ |x-a|<\varepsilon,-\varepsilon<x-a<\varepsilon\\0,\ |x-a|\geqslant\varepsilon\end{cases}$$

的傅里叶变换.

解

$$\begin{aligned}F[P_\varepsilon(x,a)]&=\frac{1}{\sqrt{2\pi}}\int_{a-\varepsilon}^{a+\varepsilon}h\cdot\mathrm{e}^{\mathrm{i}\alpha\xi}\mathrm{d}\xi\\&=\frac{h}{\sqrt{2\pi}}\cdot\frac{\mathrm{e}^{\mathrm{i}\alpha\xi}}{\mathrm{i}\alpha}\Bigg|_{a-\varepsilon}^{a+\varepsilon}\\&=\frac{h}{\sqrt{2\pi}}\cdot\frac{\mathrm{e}^{\mathrm{i}\alpha a}}{\mathrm{i}\alpha}(\mathrm{e}^{\mathrm{i}\alpha\varepsilon}-\mathrm{e}^{-\mathrm{i}\alpha\varepsilon})\\&=\frac{2h\varepsilon}{\sqrt{2\pi}}\cdot\mathrm{e}^{\mathrm{i}\alpha a}\cdot\left(\frac{\sin\alpha\varepsilon}{\alpha\varepsilon}\right)\end{aligned}$$

设 $h=\dfrac{1}{2\varepsilon}$,则

$$\lim_{\varepsilon\to 0} F[P_\varepsilon(x,a)]=\frac{1}{\sqrt{2\pi}}e^{i\alpha a}\equiv F[\delta(x-a)]$$

这里

$$\delta(x-a)=\begin{cases}0, x\neq a\\ \int_{-\infty}^{+\infty}\delta(x-a)\mathrm{d}x=1\end{cases}$$

是狄拉克 δ 函数.

当 $a=0$ 时,$F[\delta(x)]=\frac{1}{\sqrt{2\pi}}$.

10.4　MATLAB 求解

例 10.4.1　弦振动柯西问题

$$\begin{cases}u_{tt}=c^2u_{xx}, -\infty<x<\infty, t>0 & (10.36)\\ u(x,0)=\varphi(x), -\infty<x<\infty & (10.37)\\ u_t(x,0)=\psi(x), -\infty<x<\infty & (10.38)\end{cases}$$

以 10.3 节中例 10.3.1 为例,用 MATLAB 计算求解:

```
≫ syms  α  c  F  G;(用 F,G 分别表示 F(α),G(α))
≫ V = dsolve('D2V + c^2 * α^2 * V','V(0) = F,DV(0) = G','t')
≫ syms  x,  α;
  syms  c  t  positive
≫ A = ifourier(sin(c * α * t)/α/c,α,x),B = simple(ifourier(cos(α * a * t),
  α,x))
≫ u = A + B;
```

10.5　拉普拉斯变换

当一个函数满足狄利克雷条件,并在整个区间$(-\infty,+\infty)$内满足绝对可积条件时,可求傅里叶变换.但绝对可积的条件过于苛刻,许多函数并不满足,比如前面介绍的阶梯函数,或是常值函数、正弦函数、余弦函数以及线性函数等等.此外,可求傅里叶变换的函数要求是在整个区间$(-\infty,+\infty)$上都有定义,但是对于以时间变量 t 为自变量的函数而言,$t<0$ 时,函数是没有意义的,因此也就无法求傅里叶

变换.因此本节将讨论解决此类问题的方法 —— 拉普拉斯变换.

设函数 $f(t)$ 在 $t \geqslant 0$ 时有定义,或是

$$\begin{cases} f(t) \neq 0, t > 0 \\ f(t) = 0, t \leqslant 0 \end{cases}$$

但是 $f(t)$ 可能不满足绝对可积性.此时,如果

$$| f(t) | \leqslant e^{s_0 t}, s_0 > 0$$

令

$$f_1(t) = \begin{cases} e^{-st} f(t), t > 0, s > s_0 > 0 \\ 0, t < 0 \end{cases}$$

则 $f_1(t)$ 是区间$(-\infty, +\infty)$ 上分段光滑且绝对可积的,因此可求傅里叶变换

$$\begin{aligned} f_1(t) &= F^{-1}[F[f_1(t)]] \\ &= \frac{1}{\sqrt{2\pi}} \int_{-\infty}^{+\infty} \left[\frac{1}{\sqrt{2\pi}} \int_{-\infty}^{+\infty} f_1(\tau) e^{i\alpha\tau} d\tau \right] e^{-i\alpha t} d\alpha \\ &= \frac{1}{2\pi} \int_{-\infty}^{+\infty} \left[\int_0^{+\infty} f(\tau) e^{-(s-i\alpha)\tau} d\tau \right] e^{-i\alpha t} d\alpha \end{aligned}$$

由

$$f(t) = f_1(t) e^{st} = \frac{1}{2\pi} \int_{-\infty}^{+\infty} \left[\int_0^{+\infty} f(\tau) e^{-(s-i\alpha)\tau} d\tau \right] e^{(s-i\alpha)t} d\alpha$$

令 $p = s - i\alpha, dp = -i d\alpha$,则

$$f(t) = \frac{1}{2\pi i} \int_{s-i\infty}^{s+i\infty} \left[\int_0^{+\infty} f(\tau) e^{-p\tau} d\tau \right] e^{pt} dp$$

定义 10.5.1　如果函数 $f(t)$ 在区间$(0, +\infty)$ 内满足:

1. $f(t)$ 是分段光滑的;

2. 存在正常数 M 和 $s_0 (s > s_0 \leqslant 0)$,对于所有的 $t \geqslant 0$,都有 $| f(t) | \leqslant M e^{s_0 t}$ 成立,则积分

$$F(p) = \int_0^{+\infty} f(\tau) e^{-p\tau} d\tau$$

称作函数 $f(t)$ 的拉普拉斯变换,记为 $L[f(t)] = F(p)$;积分

$$f(t) = \frac{1}{2\pi i} \int_{s-i\infty}^{s+i\infty} F(p) e^{pt} dp$$

称作 $F(p)$ 的拉普拉斯逆变换,记为 $L^{-1}[F(p)] = f(t)$.

其中定义中的条件 2 不难验证,对于所有的 $s > s_0 \geqslant 0$,$f(t) e^{-st}$ 都满足

$$\int_0^{+\infty} | f(t) e^{-st} dt | < \infty$$

保证了 $f_1(t)$ 的绝对可积性.

10.6 拉普拉斯变换的性质

与傅里叶变换一样,拉普拉斯变换也有一系列的性质.

1.线性性质

如果 $f(t)$ 和 $g(t)$ 是可求拉普拉斯变换的,a 和 b 是任意常数,则

$$L[af(x)+bg(x)]=aL[f(x)]+bL[g(x)]$$

证明

$$\begin{aligned}L[af(x)+bg(x)]&=\int_0^{\infty}[af(\tau)+bg(\tau)]e^{-p\tau}d\tau\\&=a\int_0^{\infty}f(\tau)e^{-p\tau}d\tau+b\int_0^{\infty}g(\tau)e^{-p\tau}d\tau\\&=aL[f(x)]+bL[g(x)]\end{aligned}$$

2.微分性质 1

假定函数 $f(t)$ 和 $f'(t)$ 是可求拉普拉斯变换的,a 和 b 是任意常数,则

$$L[f'(t)]=pL[f(t)]-f(0)$$

证明

$$\begin{aligned}L[f'(t)]&=\int_0^{+\infty}f'(\tau)e^{-p\tau}d\tau\\&=f(\tau)e^{-p\tau}\Big|_0^{+\infty}+\int_0^{+\infty}f(\tau)pe^{-p\tau}d\tau\\&=pL[f(t)]-f(0)\end{aligned}$$

3.微分性质 1 的推论

假定函数 $f(t)$ 和 $f^{(k)}(t)(k=1,\cdots,n)$ 是可求拉普拉斯变换的,a 和 b 是任意常数,则

$$L[f^n(t)]=p^n\left(L[f(t)]-\frac{f(0)}{p}-\frac{f'(0)}{p^2}-\cdots-\frac{f^{n-1}(0)}{p^n}\right)$$

4.微分性质 2

假定函数 $f(t)$ 是可求拉普拉斯变换的,则

$$\frac{d}{dp}L[f(t)]=L[-tf(t)]$$

且$\dfrac{d^nF(p)}{dp^n}=L[(-t)^nf(t)]$.

5. 积分性质 1

假定函数 $f(t)$ 是可求拉普拉斯变换的,且 $\varphi(t)=\int_0^t f(\tau)d\tau$,则

$$L[\varphi(t)]=\frac{1}{p}L[f(t)]=\frac{1}{p}F(p)$$

证明　由于 $\varphi'(t)=f(t),\varphi(0)=0$,则由拉普拉斯变换的微分性质 1 可知

$$L[\varphi'(t)]=L[f(t)]=pL[\varphi(t)]-\varphi(0)\Rightarrow L[\varphi(t)]=\frac{1}{p}L[f(t)]=\frac{1}{p}F(p)$$

6. 积分性质 2

假定函数 $f(t)$ 是可求拉普拉斯变换的,$F(p)=L[f(t)]$,且$\int_p^{+\infty}|F(s)|ds<+\infty$,则

$$\int_p^{+\infty}F(s)ds=L\left[\frac{f(t)}{t}\right]$$

证明

$$\begin{aligned}\int_p^{+\infty}F(s)ds&=\int_p^{+\infty}\left[\int_0^{+\infty}f(\tau)e^{-s\tau}d\tau\right]ds\\&=\int_0^{+\infty}f(\tau)\left(\int_p^{+\infty}e^{-s\tau}ds\right)d\tau\\&=\int_0^{+\infty}f(\tau)\left(\frac{-e^{-s\tau}}{\tau}\right)\Big|_p^{+\infty}d\tau\\&=\int_0^{+\infty}\frac{f(\tau)}{\tau}e^{-p\tau}d\tau=L\left[\frac{f(t)}{t}\right]\end{aligned}$$

7. 位移性质

假定函数 $f(t)$ 是可求拉普拉斯变换的,$F(p)=L[f(t)]$,$c>0$ 是常数,则

$$F(p-p_0)=L[e^{p_0t}f(t)]$$

证明　$F(p-p_0)=\int_0^{+\infty}f(T)e^{-(p-p_0)t}dt=\int_0^{+\infty}e^{p_0t}f(t)e^{-pt}dt=L[e^{p_0t}f(t)]$

8. 延迟性质

假定函数 $f(t)$ 是可求拉普拉斯变换的,$F(p)=L[f(t)]$,$c>0$ 是常数,则

$$L[f(t-c)]=e^{-pc}L[f(t)]=e^{-pc}F(p)$$

证明 $L[f(t-c)]=\int_0^{+\infty} f(t-c)\mathrm{e}^{-pt}\mathrm{d}t=\int_0^{+\infty} f(\eta)\mathrm{e}^{-p(\eta+c)}\mathrm{d}\eta=\mathrm{e}^{-pc}L[f(t)]$

9.相似性质

假定函数 $f(t)$ 是可求拉普拉斯变换的,$F(p)=L[f(t)]$,$a>0$,则

$$L[f(at)]=\frac{1}{a}F\left(\frac{p}{a}\right)$$

证明 $L[f(at)]=\int_0^{+\infty} f(at)\mathrm{e}^{-pt}\mathrm{d}t=\int_0^{+\infty} f(\eta)\mathrm{e}^{-\frac{p}{a}\eta}\frac{1}{a}\mathrm{d}\eta=\frac{1}{a}F\left(\frac{p}{a}\right)$

10.卷积性质

假定 $f(t)$ 和 $g(t)$ 满足拉普拉斯变换条件,$F(p)=L[f(t)]$,$G(p)=L[g(t)]$,则积分

$$\int_0^t f(t-\tau)g(\tau)\mathrm{d}\tau \text{ 或} \int_0^t g(t-\tau)f(\tau)\mathrm{d}\tau$$

称作函数 $f(t)$ 和 $g(t)$ 的卷积,记为 $f*g(t)$ 或 $g*f(t)$. 积分

$$\frac{1}{2\pi\mathrm{i}}\int_{s-\mathrm{i}\infty}^{s+\mathrm{i}\infty} F(p-q)G(q)\mathrm{d}q \text{ 或} \frac{1}{2\pi\mathrm{i}}\int_{s-\mathrm{i}\infty}^{s+\mathrm{i}\infty} G(p-q)F(q)\mathrm{d}q$$

称作 $F(p)$ 和 $G(p)$ 的卷积,记为 $F*G(p)$ 或 $G*F(p)$. 如下性质成立:

(1)$L[f*g(t)]=F(p)\cdot G(p)$;

(2)$L[f(t)\cdot g(t)]=F*G(p)$.

证明 (1)
$$\begin{aligned}L[f*g(t)]&=\int_0^{+\infty}\left[\int_0^t f(t-\tau)g(\tau)\mathrm{d}\tau\right]\mathrm{e}^{-pt}\mathrm{d}t\\&=\int_0^{+\infty}\left[\int_\tau^{+\infty} f(t-\tau)\mathrm{e}^{-pt}\mathrm{d}t\right]g(\tau)\mathrm{d}\tau\\&=\int_0^{+\infty}\left[\int_0^{+\infty} f(\eta)\mathrm{e}^{-p(\eta+\tau)}\mathrm{d}\eta\right]g(\tau)\mathrm{d}\tau\\&=\left[\int_0^{+\infty} f(\eta)\mathrm{e}^{-p\eta}\mathrm{d}\eta\right]\left[\int_0^{+\infty} g(\tau)\mathrm{e}^{-p\tau}\mathrm{d}\tau\right]\\&=F(p)\cdot G(p)\end{aligned}$$

(2)
$$\begin{aligned}F*G(p)&=\frac{1}{2\pi\mathrm{i}}\int_{s-\mathrm{i}\infty}^{s+\mathrm{i}\infty} F(p-q)G(q)\mathrm{d}q\\&=\frac{1}{2\pi\mathrm{i}}\int_{s-\mathrm{i}\infty}^{s+\mathrm{i}\infty}\left[\int_0^{+\infty} f(t)\mathrm{e}^{-(p-q)t}\mathrm{d}t\right]G(q)\mathrm{d}q\\&=\int_0^{+\infty} f(t)\left[\frac{1}{2\pi\mathrm{i}}\int_{s-\mathrm{i}\infty}^{s+\mathrm{i}\infty} G(q)e^{qt}\mathrm{d}q\right]\mathrm{e}^{-pt}\mathrm{d}t\end{aligned}$$

$$=\int_0^{+\infty} f(t)g(t)\mathrm{e}^{-pt}\,\mathrm{d}t=L[f(t)\cdot g(t)]$$

例 10.6.1　求函数 $f(t)=\dfrac{t^n}{n!}$ 的拉普拉斯变换.

解　由于 $f(t)=\dfrac{t^n}{n!}, f^{(n)}(t)=1, f^{(k)}(0)=0, k=0,1,l\cdots,n-1$,且

$$L[1]=\int_0^{+\infty}\mathrm{e}^{-pt}\,\mathrm{d}t=\frac{1}{p}$$

由微分性质 1 的推论,可得

$$L[1]=\frac{1}{p}=L[f^{(n)}(t)]=p^nL[f(t)]$$

$$\Rightarrow L[f(t)]=L\left[\frac{t^n}{n!}\right]=\frac{1}{p^{n+1}}$$

或

$$L[t^n]=\frac{n!}{p^{n+1}}$$

例 10.6.2　阶梯函数

$$u_a(x)=\begin{cases}1, x>a\geqslant 0\\ 0, x<a\end{cases}$$

的拉普拉斯变换.

解　$$L[u_a(x)]=\int_0^{+\infty}u_a(t)\mathrm{e}^{-pt}\,\mathrm{d}t=\int_0^{+\infty}\mathrm{e}^{-pt}\,\mathrm{d}t=\left.\frac{-\mathrm{e}^{-pt}}{p}\right|_a^{+\infty}=\frac{\mathrm{e}^{-pa}}{p}$$

当 $a=0$ 时,$L[u_0(x)]=L[1]=\dfrac{1}{p}$.

例 10.6.3　脉冲函数

$$P_\varepsilon(t,a)=\begin{cases}h, \mid x-a\mid<\varepsilon\\ 0, \mid x-a\mid>\varepsilon, a>0\end{cases}$$

的拉普拉斯变换.

解　$$L[P_\varepsilon(t,a)]=\int_0^{+\infty}P_\varepsilon(t,a)\mathrm{e}^{-pt}\,\mathrm{d}t=\int_{a-\varepsilon}^{a+\varepsilon}h\,\mathrm{e}^{-pt}\,\mathrm{d}t$$

$$=h\cdot\left.\frac{-\mathrm{e}^{-pt}}{p}\right|_{a-\varepsilon}^{a+\varepsilon}=\frac{h}{p}\mathrm{e}^{-pa}(\mathrm{e}^{p\varepsilon}-\mathrm{e}^{-p\varepsilon})$$

$$=2h\varepsilon\cdot\mathrm{e}^{-pa}\cdot\frac{\mathrm{e}^{p\varepsilon}-e^{-p\varepsilon}}{2p\varepsilon}=2h\varepsilon\cdot\mathrm{e}^{-pa}\left(\frac{\sinh p\varepsilon}{p\varepsilon}\right)$$

令 $h=\dfrac{1}{2\varepsilon}$,则

$$P_{\varepsilon}(t,a)=\begin{cases}\dfrac{1}{2\varepsilon}, \mid x-a \mid<\varepsilon \\ 0, \mid x-a \mid>\varepsilon, a>0\end{cases}$$

求其极限,解得

$$\lim_{\varepsilon\to 0^{+}} P_{\varepsilon}(t,a)=\delta(t-a)=\begin{cases}0, t\neq a \\ \int_{-\infty}^{+\infty}\delta(t-a)\mathrm{d}t=1\end{cases}$$

因为

$$\int_{-\infty}^{+\infty} P_{\varepsilon}(t,a)\mathrm{d}t=\int_{a-\varepsilon}^{a+\varepsilon}\frac{1}{2\varepsilon}\mathrm{d}t\equiv 1$$

则

$$\int_{-\infty}^{+\infty}\delta(t-a)\mathrm{d}t\equiv 1$$

且

$$L[P_{\varepsilon}(t-a)]=\mathrm{e}^{-pa}\left(\frac{\sinh p\varepsilon}{p\varepsilon}\right)\xrightarrow{\varepsilon\to 0^{+}}\mathrm{e}^{-pa}$$

因此

$$L[\delta(t-a)]=\lim_{\varepsilon\to 0^{+}} L[P_{\varepsilon}(t,a)]=\mathrm{e}^{-pa}$$

特别地,如果 $a=0$,则 $L[\delta(t)]=1$.

10.7 拉普拉斯变换的应用

例 10.7.1 半无限弦振动

$$\begin{cases}u_{tt}=c^{2}u_{xx}+f(t), 0<x<\infty, t>0 & (10.39)\\ u(x,0)=0, u_{t}(x,0)=0, 0<x<\infty & (10.40)\\ u(0,t)=0, \lim\limits_{x\to+\infty} u_{x}(x,t)=0 & (10.41)\end{cases}$$

解 设

$$F[u(x,t)]=V(x,p), L[f(t)]=F(p)$$

由拉普拉斯变换的线性性质和微分性质,可知

$$L[u_{tt}-c^{2}u_{xx}]=L[f(t)]$$

$$\frac{\mathrm{d}^{2}V}{\mathrm{d}x^{2}}-\frac{s^{2}}{c^{2}}V=-\frac{F(s)}{c^{2}}$$

由条件(10.40),(10.41),可知

$$V(0,p)=0,\lim_{x\to+\infty}\frac{\mathrm{d}V}{\mathrm{d}x}(x,p)=0$$

因此

$$\begin{cases}\dfrac{\mathrm{d}^2V}{\mathrm{d}x^2}-\dfrac{s^2}{c^2}V=-\dfrac{F(s)}{c^2} & (10.42)\\ V(0,p)=0 & (10.43)\\ \lim\limits_{x\to+\infty}\dfrac{\mathrm{d}V}{\mathrm{d}x}(x,p)=0 & (10.44)\end{cases}$$

是含参数 p 的关于变量 x 的二阶常微分方程定解问题,方程的通解为

$$V(x,p)=C_1\mathrm{e}^{\frac{p}{c}x}+C_2\mathrm{e}^{-\frac{p}{c}x}+\frac{F(p)}{p^2}$$

由条件(10.43),(10.44),有

$$C_1=0,C_2=-\frac{F(p)}{p^2}$$

因此

$$V(x,p)=\frac{F(p)}{p^2}(1-\mathrm{e}^{-\frac{p}{c}x})$$

1. 如果 $f(t)=f_0$,则

$$V(x,p)=\frac{f_0}{p^3}(1-\mathrm{e}^{-\frac{p}{c}x})$$

反用拉普拉斯逆变换的线性性质和延迟性质,有

$$u(x,t)=L^{-1}\left[\frac{f_0}{p^3}-\frac{f_0}{p^3}\mathrm{e}^{-\frac{p}{c}x}\right]=\begin{cases}\dfrac{f_0}{2}\left[t^2-\left(t-\dfrac{x}{c}\right)^2\right],t>\dfrac{x}{c}\\ \dfrac{f_0}{2}t^2,0\leqslant t<\dfrac{x}{c}\end{cases}$$

2. 如果 $f(t)=\cos\omega t$(ω 是常值),则

$$F(p)=\int_0^{+\infty}\cos\omega t\,\mathrm{e}^{-pt}\,\mathrm{d}t=\frac{p}{\omega^2+p^2}$$

$$u(x,t)=L^{-1}\left[\frac{1}{p(\omega^2+p)}(1-\mathrm{e}^{-\frac{x}{c}p})\right]$$

$$=L^{-1}\left[\frac{1}{\omega^2}\left(\frac{1}{p}-\frac{p}{\omega^2+p^2}\right)(1-\mathrm{e}^{-\frac{x}{c}p})\right]$$

$$=\begin{cases}\dfrac{1}{\omega^2}\left[(1-\cos\omega t)-\left(1-\cos\omega\left(t-\dfrac{x}{c}\right)\right)\right], t>\dfrac{x}{c}\\ \dfrac{1}{\omega^2}(1-\cos\omega t), 0\leqslant t<\dfrac{x}{c}\end{cases}$$

$$=\begin{cases}\dfrac{2}{\omega^2}\left[\sin^2\dfrac{\omega t}{2}-\sin^2\dfrac{\omega}{2}\left(t-\dfrac{x}{c}\right)\right], t>\dfrac{x}{c}\\ \dfrac{2}{\omega^2}\sin^2\dfrac{\omega t}{2}, 0\leqslant t<\dfrac{x}{c}\end{cases}$$

例 10.7.2 求解半无界散热杆的温度分布问题

$$\begin{cases}u_t=ku_{xx}-hu, 0<x<\infty, t>0, h>0 & (10.45)\\ u(x,0)=0 & (10.46)\\ u(0,t)=u_0, \lim\limits_{x\to+\infty}u(x,t)=0 & (10.47)\end{cases}$$

解 设 $F[u(x,t)]=V(x,p)$，对方程(10.45)及边界条件(10.47)关于变量 t 进行拉普拉斯变换，由拉普拉斯变换的线性性质和微分性质，可知

$$\begin{cases}\dfrac{d^2V}{dx^2}-\dfrac{p+h}{k}V=0 & (10.48)\\ V(0,p)=\dfrac{u_0}{p}, \lim\limits_{x\to+\infty}V(x,p)=0 & (10.49)\end{cases}$$

该常微分方程的解是

$$V(x,p)=\frac{u_0}{p}e^{-\sqrt{\frac{p+h}{k}}x}$$

由拉普拉斯变换表求得

$$L^{-1}\left[e^{-\sqrt{\frac{p+h}{k}}x}\right]=\frac{x e^{-ht-\frac{x^2}{4kt}}}{2\sqrt{\pi k t^3}}$$

因此由拉普拉斯变换的积分性质得到

$$u(x,t)=u_0\int_0^t\frac{x e^{-h\tau-\frac{x^2}{4k\tau}}}{2\sqrt{\pi k\tau^3}}d\tau \quad \left(令\ \eta=\frac{x}{2\sqrt{k\tau}}, d\eta=-\frac{x\,d\tau}{4\sqrt{k\tau^3}}\right)$$

$$=\frac{2u_0}{\sqrt{\pi}}\int_{\frac{x}{2\sqrt{kt}}}^{+\infty}e^{-\frac{hx^2}{4k\eta^2}-\eta^2}d\eta$$

当 $h=0$ 时

$$u(x,t)=\frac{2u_0}{\sqrt{\pi}}\int_{\frac{x}{2\sqrt{kt}}}^{+\infty}e^{-\eta^2}d\eta=u_0\,\mathrm{erfc}\left(\frac{x}{2\sqrt{kt}}\right)$$

其中 erfc(·) 是余误差函数.

例 10.7.3

$$\begin{cases} u_t = ku_{xx} - h_u, 0 < x < \infty, t > 0, h > 0 & (10.50) \\ u(x,0) = T_0 & (10.51) \\ u(0,t) = 0, \lim\limits_{x \to +\infty} u_x(x,t) = 0 & (10.52) \end{cases}$$

解　设 $F[u(x,t)] = V(x,p)$，对方程(10.50)及边界条件(10.52)关于变量 t 进行拉普拉斯变换，由拉普拉斯变换的线性性质和微分性质，可知

$$\begin{cases} \dfrac{d^2V}{dx^2} - \dfrac{p+h}{k}V = -\dfrac{T_0}{k} & (10.53) \\ V(0,p) = 0, \lim\limits_{x \to +\infty} V_x(x,p) = 0 & (10.54) \end{cases}$$

该常微分方程定解问题的解是

$$V(x,p) = \frac{T_0}{p+h}(1 - e^{-\sqrt{\frac{p+h}{k}}x})$$

令 $W(x,p) = \dfrac{T_0}{p}(1 - e^{-\sqrt{\frac{p}{k}}x})$，则

$$V(x,p) = W(x,p+h)$$

因此由拉普拉斯变换的位移性质以及上一例题的结果，可求得 $V(x,p)$ 的逆变换为

$$\begin{aligned} u(x,t) &= L^{-1}[V(x,p)] = L^{-1}[W(x,p+h)] = L^{-1}[W(x,p-(-h))] \\ &= e^{-ht}L^{-1}[W(x,p)] = T_0 e^{-ht}\left[1 - \text{erfc}\left(\frac{x}{2\sqrt{kt}}\right)\right] \\ &= T_0 e^{-ht}\text{erf}\left(\frac{x}{2\sqrt{kt}}\right) \end{aligned}$$

10.8　MATLAB 求解

例 10.8.1　半无限弦振动

$$\begin{cases} u_{tt} = c^2u_{xx} + f(t), 0 < x < \infty, t > 0 & (10.55) \\ u(x,0) = 0, u_t(x,0) = 0, 0 < x < \infty & (10.56) \\ u(0,t) = 0, \lim\limits_{x \to +\infty} u_x(x,t) = 0 & (10.57) \end{cases}$$

以 10.7 节中例 10.7.1 为例，用 MATLAB 计算求解：

```
≫syms  p  x  c;
≫V=dsolve('c^2*D2V-p^2*V=-F','x'),V1=subs(V,x,0)
≫syms  t  positive,  syms  p  c  x
≫A=ilaplace(p^-2,p,t),B=ilaplace(1-exp(-p*x/c),p,t)
≫syms  p  c  t  k  x
≫u2=int(dirac(x/c-k)*(t-k),k,-inf,inf)
≫u=-conv(f,u2)
```

习题 10

1. 用傅里叶积分变换法解如下定解问题：

(a) $\begin{cases} u_t = u_{xx}, x>0, t>0 \\ u(x,0)=0, x>0 \\ u(0,t)=g(t), t>0 \end{cases}$；

(b) $\begin{cases} u_t = u_{xx}, x>0, t>0 \\ u(x,0)=f(x), x>0 \\ u_x(0,t)-hu(0,t)=0, t>0, h>0 \end{cases}$；

(c) $\begin{cases} u_{tt} = a^2 u_{xxxx}, -\infty<x<+\infty, t>0 \\ u(x,0)=f(x) \\ u_t(x,0)=0 \end{cases}$；

(d) $\begin{cases} u_{tt} + a^2 u_{xxxx}, x>0, t>0 \\ u(x,0)=0, u_t(x,0)=0 \\ u(0,t)=g(t), u_{xx}(0,t)=0 \end{cases}$；

(e) $\begin{cases} u_{xx}+u_{yy}=0, -\infty<x<+\infty, -\infty<y<+\infty \\ u_y(x,0)=\begin{cases} -\varphi_0, 0<|x|<x \\ 0, |x|>c \end{cases} \\ \lim\limits_{|y|\to\infty} u(x,y)=0 \end{cases}$；

(f) $\begin{cases} u_t - u_{xx} + v(t)u_x = \delta(x)\delta(t), 0<x<\infty, t>0 \\ u(x,0)=0 \\ u_x(0,t)=0 \end{cases}$；

(g) $\begin{cases} u_{xx}+u_{yy}=0, 0<x<\infty, 0<y<\infty \\ u(x,0)=f(x) \\ u_x(0,y)=g(y) \\ \lim\limits_{x\to\infty} u(x,y)=\lim\limits_{y\to\infty} u(x,y)=0 \end{cases}$;

(h) $\begin{cases} u_{xx}+u_{yy}=0, 0<x<\infty, 0<y<a \\ u(x,0)=f(x), u(x,a)=0 \\ \lim\limits_{|x|\to\infty} u(x,y)=0 \end{cases}$;

(i) $\begin{cases} u_t=u_{xx}+u_{yy}, 0<x<\infty, 0<y<l \\ u(x,y,0)=0, u(0,y,t)=0 \\ u(x,0,t)=0, u(x,l,t)=1 \end{cases}$;

(j) $\begin{cases} u_t=u_{xx}-hu, x>0, t>0, h>0 \\ u(x,0)=0 \\ u(0,t)=f(t) \end{cases}$;

(k) $\begin{cases} u_{xx}+u_{yy}=0, x>0, 0<y<l \\ u(x,0)=f(x), u(x,l)=0 \\ u(0,y)=0, \lim\limits_{x\to\infty} u(x,y)=0 \end{cases}$.

2. 用拉普拉斯积分变换法解如下定解问题:

(a) $\begin{cases} u_{tt}=c^2u_{xx}, 0<x<\infty, t>0 \\ u(x,0)=f(x), u_t(x,0)=0, 0\leqslant x<+\infty \\ u(0,t)=0, \lim\limits_{x\to\infty} u(x,t)=0, t>0 \end{cases}$;

(b) $\begin{cases} u_{tt}=c^2u_{xx}, 0<x<\infty, t>0 \\ u(x,0)=0, u_t(x,0)=0 \\ u(0,t)=\sin \omega t, \lim\limits_{x\to\infty} u(x,t)=0 \end{cases}$;

(c) $\begin{cases} u_t=ku_{xx}, 0<x<\infty, t>0 \\ u(x,0)=f_0 \\ u(0,t)=f_1 \\ \lim\limits_{x\to\infty} u(x,t)=f_0 \end{cases}$;

(d) $\begin{cases} u_t = ku_{xx}, 0 < x < \infty, t > 0 \\ u(x,0) = x, 0 \leqslant x < \infty \\ u(0,t) = a, t > 0 \\ \lim\limits_{x \to \infty} u_x(x,t) = 1, t > 0 \end{cases}$;

(e) $\begin{cases} u_t = ku_{xx}, 0 < x < \infty, t > 0 \\ u(x,0) = 0, 0 \leqslant x < \infty \\ u(0,t) = t^2, t \geqslant 0 \\ \lim\limits_{x \to \infty} u(x,t) = 0, t > 0 \end{cases}$;

(f) $\begin{cases} u_t = ku_{xx} - hu, 0 < x < \infty, t > 0 \\ u(x,0) = f_0, 0 \leqslant x < \infty \\ u(0,t) = 0, t \geqslant 0 \\ \lim\limits_{x \to \infty} u_x(x,t) = 0, t > 0 \end{cases}$;

(g) $\begin{cases} u_t = u_{xx}, 0 < x < \infty, t > 0 \\ u(x,0) = u_0, 0 \leqslant x < \infty \\ u_x(0,t) = u(0,t), t \geqslant 0 \\ \lim\limits_{x \to \infty} u(x,t) = u_0, t > 0 \end{cases}$;

(h) $\begin{cases} u_t = ku_{xx}, 0 < x < \infty, t > 0 \\ u(x,0) = 0, 0 \leqslant x < \infty \\ u(0,t) = f(t), t \geqslant 0 \\ \lim\limits_{x \to \infty} u(x,t) = 0, t \geqslant 0 \end{cases}$;

(i) $\begin{cases} u_t = ku_{xx} + h, 0 < x < \infty, t > 0, h = \cos nt \\ u(x,0) = 0, 0 \leqslant x < \infty \\ u(0,t) = 0, t \geqslant 0 \\ \lim\limits_{x \to \infty} u_x(x,t) = 0, t > 0 \end{cases}$;

(j) $\begin{cases} u_t = u_{xx}, -\infty < x < 1, t > 0 \\ u(x,0) = 0, -\infty < x < 1 \\ u_x(1,t) = 100 - u(1,t), t \geqslant 0 \\ \lim\limits_{x \to -\infty} u(x,t) = 0, t > 0 \end{cases}$;

(k) $\begin{cases} u_t = ku_{xx}, 0 < x < 1, t > 0 \\ u(x,0) = u_0, 0 < x < 1 \\ u_x(0,t) = 0, t \geqslant 0 \\ u(1,t) = 0, t > 0 \end{cases}$;

(l) $\begin{cases} u_{tt} = a^2 u_{xx}, 0 < x < +\infty, t > 0 \\ u(x,0) = 0, u_t(x,0) = 0, 0 < x < +\infty \\ u(0,t) = A\sin \omega t, t \geqslant 0 \\ \lim\limits_{x\to\infty} u(x,t) = 0, t > 0 \end{cases}$;

(m) $\begin{cases} u_{tt} = a^2 u_{xx}, 0 < x < L, t > 0 \\ u(x,0) = 0, u_t(x,0) = 0, 0 < x < L \\ u(0,t) = 0, u_x(L,t) = \dfrac{F_0}{E}, t \geqslant 0 \end{cases}$;

(n) $\begin{cases} u_{tt} = u_{xx}, 0 < x < \infty, t > 0 \\ u(x,0) = x \cdot \mathrm{e}^{-x}, u_t(x,0) = 0, 0 < x < \infty \\ u(0,t) = 0, \lim\limits_{x\to\infty} u(x,t) = 0, t \geqslant 0 \end{cases}$;

(o) $\begin{cases} x^2 u_t + u_x = x^2, 0 < x < \infty, t > 0 \\ u(0,t) = 0, t > 0 \\ u(x,0) = 0, x > 0 \end{cases}$.

(提示:关于 t 施行拉普拉斯变换,并利用延迟性质).

第 11 章　格林函数法

前面章节介绍了分离变量法用于求解有界问题，积分变换法适用于求解无界问题，这两种方法得到的解一般表示为无穷级数和无穷积分的形式.本章将介绍求解数理方程的另外一种重要方法 —— 格林函数法，它在近代物理学，特别是量子理论的发展中起着重要的作用.

格林函数又称为点源函数或是影响函数，即它表示一个点源在一定的边界条件和(或)初始条件下所产生的场或影响.因此，一个数学物理方程的解实际上表示点源与它所产生的“场”之间的关系.比如，热传导方程的解表示初始时刻点热源与任意时刻产生的温度场之间的关系；拉普拉斯方程的解表示边界上的点源与空间场分布之间的关系.格林函数法求解数理方程问题，与行波法不同，不是先求泛定方程的通解再由条件确定系数求特解，而是通过构造恰当的格林函数表达式，直接给出定解问题的解.

格林函数法用途广泛，可以求解无界域和有界域问题，齐次、非齐次问题，一维、二维和三维的问题，第一类、第二类、第三类齐次和非齐次边值问题，甚至可以求解非线性方程问题.在讨论格林函数法求偏微分方程定解问题前，先介绍如何由所求问题构造格林函数，并利用这一格林函数求解常微分方程边值问题.

11.1　格林函数法解常微分方程边值问题

考虑区间$[a,b]$上二阶线性非齐次自伴常微分方程

$$L[u]=-f(x),x\in[a,b] \tag{11.1}$$

满足一般齐次边界条件

$$\begin{cases}\alpha_1 u(a)+\beta_1 u'(a)=0 & (11.2)\\ \alpha_2 u(b)+\beta_2 u'(b)=0 & (11.3)\end{cases}$$

其中$L=\dfrac{\mathrm{d}}{\mathrm{d}x}\left[p(x)\dfrac{\mathrm{d}}{\mathrm{d}x}\right]+q(x)$是在第 5 章斯图姆－刘维尔问题中引入的自伴算子，$\alpha_1,\alpha_2,\beta_1,\beta_2$是不全为零的系数，$f(x)\in C[a,b]$.

若把方程(11.1)看作是弦振动在某一时刻的平衡方程，那么在点 ξ 单位外力作用下，在点 x 弦的振动位移表示为二元函数 $G(x,\xi)$. 在区间 $(\xi,\xi+\mathrm{d}\xi)$ 上如果均匀分布的外力密度为 $f(x)$，那么在弦上点 x 的振动位移为 $G(x,\xi)f(\xi)\mathrm{d}\xi$. 由叠加原理，我们将整个区间 $[a,b]$ 剖分为若干个小区间，在每个小区间上都存在着密度为 $f(\xi)$ 的连续分布的外力，则在弦上点 x 处的振动位移可表示为如下积分

$$u(x)=\int_a^b G(x,\xi)f(\xi)\mathrm{d}\xi \tag{11.4}$$

$G(x,\xi)$ 称为格林(Green)函数.

下面，给出格林函数 $G(x,\xi)$ 的定义.

定义 11.1.1　令

$$R=\{(x,\xi)\mid a<x<b,a<\xi<b\}$$

如果双变量函数 $G(x,\xi)$ 满足以下条件，则 $G(x,\xi)$ 称为问题(11.1)～(11.3)的格林函数：

1. $G(x,\xi)\in C(\overline{R})\cap C^2\{\overline{R}\backslash\{(x,\xi)\mid x=\xi,(x,\xi)\in\overline{R}\}\}$；

2. $G(x,\xi)$ 关于 x 的一阶导数具有跳跃间断性，即

$$\left.\frac{\mathrm{d}G(x,\xi)}{\mathrm{d}x}\right|_{x=\xi^-}^{x=\xi^+}=-\frac{1}{p(\xi)}$$

3. 对于取定的 ξ，除了点 $x=\xi$ 外，$G(x,\xi)$ 满足相应的齐次方程 $LG=0$，和相应的齐次边界条件(11.2)，(11.3).

定理 11.1.1　如果函数 $f(x)\in C(a,b)$，那么函数

$$u(x)=\int_a^b G(x,\xi)f(\xi)\mathrm{d}\xi$$

是定解问题(11.1)～(11.3)的解.

证明　首先，推导 $u(x)$ 的导数

$$\begin{aligned}\frac{\mathrm{d}u}{\mathrm{d}x}&=\frac{\mathrm{d}}{\mathrm{d}x}\left[\int_a^{x^-}G(x,\xi)f(\xi)\mathrm{d}\xi+\int_{x^+}^b G(x,\xi)f(\xi)\mathrm{d}\xi\right]\\&=G(x,x^-)f(x^-)+\int_a^{x^-}G'_x(x,\xi)f(\xi)\mathrm{d}\xi-\\&\quad G(x,x^+)f(x^+)+\int_{x^+}^b G'_x(x,\xi)f(\xi)\mathrm{d}\xi\\&=\int_a^b G'_x(x,\xi)f(\xi)\mathrm{d}\xi\end{aligned}$$

$$\frac{\mathrm{d}^2u}{\mathrm{d}x^2}=\frac{\mathrm{d}}{\mathrm{d}x}\left[\int_a^{x^-}G'_x(x,\xi)f(\xi)\mathrm{d}\xi+\int_{x^+}^b G'_x(x,\xi)f(\xi)\mathrm{d}\xi\right]$$

$$=G'_x(x,x^-)f(x^-)+\int_a^{x-}G''_{xx}(x,\xi)f(\xi)\mathrm{d}\xi-$$

$$G'_x(x,x^+)f(x^+)+\int_{x+}^{b}G''_{xx}(x,\xi)f(\xi)\mathrm{d}\xi$$

$$=\int_a^b G''_{xx}(x,\xi)f(\xi)\mathrm{d}\xi+[G'_x(x,x^-)-G'_x(x,x^+)]f(x)$$

由格林函数导数的跳跃间断性,可知

$$\left.\frac{\mathrm{d}G(x,\xi)}{\mathrm{d}x}\right|_{x=\xi^-}^{x=\xi^+}=G'_x(\xi^+,\xi)-G'_x(\xi^-,\xi)=-\frac{1}{p(\xi)}$$

因此

$$G'_x(x^+,x)-G'_x(x^-,x)=-\frac{1}{p(x)}$$

即

$$G'_x(x,x^-)-G'_x(x,x^+)=G'_x(x^+,x)-G'_x(x^-,x)=-\frac{1}{p(x)}$$

所以

$$\frac{\mathrm{d}^2u}{\mathrm{d}x^2}=-\frac{1}{p(x)}f(x)+\int_a^b G''_{xx}(x,\xi)f(\xi)\mathrm{d}\xi$$

将$\frac{\mathrm{d}u}{\mathrm{d}x}$,$\frac{\mathrm{d}^2u}{\mathrm{d}x^2}$和$u(x,t)$的积分表达式代入方程(11.1)的左端,可推得

$$L[u]=\frac{\mathrm{d}}{\mathrm{d}x}\left(p(x)\frac{\mathrm{d}u}{\mathrm{d}x}\right)+q(x)u$$

$$=p(x)\frac{\mathrm{d}^2u}{\mathrm{d}x^2}+p'(x)\frac{\mathrm{d}u}{\mathrm{d}x}+q(x)u$$

$$=p(x)\cdot\left[-\frac{f(x)}{p(x)}+\int_a^b G''_{xx}(x,\xi)f(\xi)\mathrm{d}\xi\right]+p'(x)$$

·

$$\int_a^b G'_x(x,\xi)f(\xi)\mathrm{d}\xi+q(x)\int_a^b G(x,\xi)f(\xi)\mathrm{d}\xi$$

$$=-f(x)+\int_a^b[p(x)G''_{xx}(x,\xi)+p''(x)G'_x(x,\xi)+$$

$$q(x)G(x,\xi)]f(\xi)\mathrm{d}\xi$$

$$=-f(x)+\int_a^b[LG(x,\xi)]f(\xi)\mathrm{d}\xi=-f(x)$$

因此,$u(x,t)$是方程(11.1)的解. 又由于$G(x,\xi)$满足齐次边界条件(11.2),(11.3),所以可证得

$$\alpha_1 u(a)+\beta_1 u'(a)=\alpha_1\int_a^b G(a,\xi)f(\xi)\mathrm{d}\xi+\beta_1\int_a^b G'_x(a,\xi)f(\xi)\mathrm{d}\xi$$

$$=\int_a^b[\alpha_1 G(x,\xi)+\beta_1 G'_x(x,\xi)]\,|_{x=a}f(\xi)\mathrm{d}\xi=0$$

和

$$\alpha_1 u(b)+\beta_1 u'(b)=\alpha_1\int_a^b G(b,\xi)f(\xi)\mathrm{d}\xi+\beta_1\int_a^b G'_x(b,\xi)f(\xi)\mathrm{d}\xi$$

$$=\int_a^b[\alpha_1 G(x,\xi)+\beta_1 G'_x(x,\xi)]\,|_{x=b}f(\xi)\mathrm{d}\xi=0$$

因此 $u(x)=\int_a^b G(x,\xi)f(\xi)\mathrm{d}\xi$ 是定解问题(11.1) ~ (11.3) 的解.

为了求得定解问题的解 $u(x)$，关键在于格林函数的构造. 由格林函数的定义可知，$G(x,\xi)$ 满足相应的齐次方程和齐次边界条件

$$\begin{cases}L[G]=0,x\neq\xi & (11.5)\\ \alpha_1 G(a,\xi)+\beta_1 G'_x(a,\xi)=0 & (11.6)\\ \alpha_2 G(b,\xi)+\beta_2 G'_x(b,\xi)=0 & (11.7)\end{cases}$$

且 $G(x,\xi)$ 可表示为某一分段函数

$$G(x,\xi)=\begin{cases}G_1(x,\xi),a\leqslant x<\xi\\ G_2(x,\xi),\xi<x\leqslant b\end{cases}\tag{11.8}$$

由格林函数本身的连续性，可知

$$G_1(\xi^-,\xi)=G_2(\xi^+,\xi)$$

因此，可求出只满足左边界条件的齐次方程的解 $u_1(x)$，即

$$L[u_1]=0$$

$$\alpha_1 u_1(a)+\beta_1 u'_1(a)=0$$

显然，$c_1u_1(x)(c_1\neq 0)$ 也是式(11.5)，(11.6) 的解. 同理，也可求得只满足右边界条件的齐次方程的解 $u_2(x)$，即

$$L[u_2]=0$$

$$\alpha_2 u_2(a)+\beta_2 u'_2(a)=0$$

显然，$c_2u_2(x)(c_2\neq 0)$ 也是式(11.5) ~ (11.7) 的解.

假定齐次定解问题

$$\begin{cases}L[u]=0,x\neq\xi & (11.9)\\ \alpha_1 u(a)+\beta_1 u'(a)=0 & (11.10)\\ \alpha_2 u(b)+\beta_2 u'(b)=0 & (11.11)\end{cases}$$

只有零解，那么 $u_1(x)$ 和 $u_2(x)$ 线性无关．如果 $u_1(x)$ 和 $u_2(x)$ 线性相关，$u_1(x)=cu_2(x)\neq 0$，那么不难看出 $u_1(x)$ 是问题(11.9)～(11.11)的非零解，与前提假设条件矛盾．

由前面分析可知，分段格林函数分别只满足左边界条件和右边界条件，因此，可定义 $G(x,\xi)$ 为

$$G(x,\xi)=\begin{cases}c_1(\xi)u_1(x), a\leqslant x<\xi\\ c_2(\xi)u_2(x), \xi<x\leqslant b\end{cases}$$

由 $G(x,\xi)$ 在点 $x=\xi$ 的连续性，有

$$c_1(\xi)u_1(\xi)-c_2(\xi)u_2(\xi)=0$$

由 $G'_x(x,\xi)$ 在点 $x=\xi$ 的跳跃间断性，有

$$\begin{aligned}\left.\frac{\mathrm{d}G(x,\xi)}{\mathrm{d}x}\right|_{x=\xi^-}^{x=\xi^+}&=G'_x(\xi^+,\xi)-G'_x(\xi^-,\xi)\\&=G'_{2x}(\xi^+,\xi)-G'_{1x}(\xi^-,\xi)\\&=c_2(\xi)u'_2(\xi)-c_1(\xi)u'_1(\xi)=-\frac{1}{p(\xi)}\end{aligned}$$

因此，将上述两式联立得到一个非齐次的线性代数方程组

$$\begin{cases}c_1(\xi)u_1(\xi)-c_2(\xi)u_2(\xi)=0\\ c_1(\xi)u'_1(\xi)-c_2(\xi)u'_2(\xi)=\dfrac{1}{p(\xi)}\end{cases}$$

其中系数行列式

$$\begin{aligned}\begin{vmatrix}u_1(\xi) & -u_2(\xi)\\ u'_1(\xi) & -u'_2(\xi)\end{vmatrix}&=-[u_1(\xi)u'_2(\xi)-u_2(\xi)u'_1(\xi)]\\&\equiv -w(u_1,u_2,\xi)\end{aligned}$$

$w(u_1,u_2,\xi)$ 称为朗斯基行列式(Wornskian determinant)．如果 $w(u_1,u_2,\xi)=0$，则 $\dfrac{u'_1(\xi)}{u_1(\xi)}=\dfrac{u'_2(\xi)}{u_2(\xi)}$，即

$$(\ln u_1(\xi))'=(\ln u_2(\xi))'\Rightarrow\ln\left(\frac{u_1(\xi)}{u_2(\xi)}\right)=c_0\neq 0, u_1(\xi)=cu_2(\xi)$$

说明 u_1 和 u_2 线性相关，这与前提 u_1 和 u_2 线性无关的假设矛盾．

因此，$w(u_1,u_2,\xi)\neq 0$，则由克莱姆法则

$$c_1(\xi)=\frac{\begin{vmatrix}0 & -u_2(\xi)\\ \dfrac{1}{p(\xi)} & -u'_2(\xi)\end{vmatrix}}{-w(u_1,u_2,\xi)}=\frac{-u_2(\xi)}{p(\xi)w(u_1,u_2,\xi)}$$

$$c_2(\xi)=\frac{\begin{vmatrix} u_1(\xi) & 0 \\ u'_1(\xi) & \dfrac{1}{p(\xi)} \end{vmatrix}}{-w(u_1,u_2,\xi)}=\frac{-u_1(\xi)}{p(\xi)w(u_1,u_2,\xi)}$$

因此,格林函数表示为

$$G(x,\xi)=\begin{cases} -\dfrac{u_1(x)u_2(\xi)}{p(\xi)w(u_1,u_2,\xi)}, a\leqslant x<\xi \\ -\dfrac{u_2(x)u_1(\xi)}{p(\xi)w(u_1,u_2,\xi)}, \xi<x\leqslant b \end{cases} \tag{11.12}$$

其中 $p(\xi)w(u_1,u_2,\xi)\equiv C\neq 0$. 事实上,由于 $u_1(x)$ 和 $u_2(x)$ 是 $L[u]=0$ 的非零解,因此

$$\frac{\mathrm{d}}{\mathrm{d}x}(pu'_1)+qu_1=0 \tag{11.13}$$

$$\frac{\mathrm{d}}{\mathrm{d}x}(pu'_2)+qu_2=0 \tag{11.14}$$

式(11.14)$\times u_1-$式(11.13)$\times u_2$,有

$$u_1\frac{\mathrm{d}}{\mathrm{d}x}(pu'_2)-u_2\frac{\mathrm{d}}{\mathrm{d}x}(pu'_1)=0$$

即

$$\frac{\mathrm{d}}{\mathrm{d}x}[p(u_1u'_2-u_2u'_1)]=0\Rightarrow p(u_1u'_2-u_2u'_1)=C(\neq 0)$$

$$\Rightarrow p(\xi)w(u_1,u_2,\xi)=C(\neq 0)$$

因此

$$G(x,\xi)=\begin{cases} -\dfrac{u_1(x)u_2(\xi)}{C}, a\leqslant x<\xi \\ -\dfrac{u_2(x)u_1(\xi)}{C}, \xi<x\leqslant b \end{cases}$$

定理 11.1.2 如果相应的齐次边值问题(11.9)～(11.11)只有零解,那么边值问题(11.1)～(11.3)存在唯一的格林函数 $G(x,\xi)$(见式(11.12)).

例 11.1.1 考虑边值问题

$$\begin{cases} u''+u=-1 & (11.15) \\ u(0)=0 & (11.16) \\ u\left(\dfrac{\pi}{2}\right)=0 & (11.17) \end{cases}$$

解 由相应的齐次方程

$$L[u_0]=u''_0+u_0=0$$

其通解为 $u_0(x)=c_1\cos x+c_2\sin x$. 由左边界条件(11.16),得 $c_1=0$,设 $u_1(x)=\sin x$. 由右边界条件(11.17),得 $c_2=0$,设 $u_2(x)=\cos x$.

朗斯基行列式为

$$w(u_1,u_2,\xi)=\sin\xi(\cos x)'|_{x=\xi}-\cos\xi(\sin x)'_{x=\xi}=-1$$

则

$$G(x,\xi)=\begin{cases}\sin x\cos\xi,0\leqslant x<\xi\\ \cos x\sin\xi,\xi<x\leqslant\dfrac{\pi}{2}\end{cases}(p(x)\equiv 1)$$

因此

$$\begin{aligned}u(x)&=\int_0^{\frac{\pi}{2}}G(x,\xi)f(\xi)\mathrm{d}\xi=\int_0^{\frac{\pi}{2}}G(x,\xi)\mathrm{d}\xi\\&=\int_0^x\cos x\sin\xi\mathrm{d}\xi+\int_x^{\frac{\pi}{2}}\sin x\cos\xi\mathrm{d}\xi=-1+\cos x+\sin x\end{aligned}$$

定理 11.1.3 边值问题(11.1) ~ (11.3) 的格林函数是对称的,即 $G(x,\xi)=G(\xi,x)$.

11.2 δ 函数的概念及性质

11.2.1 δ 函数的定义

在物理学中,除了研究连续分布量外,还经常讨论集中量的情况,例如质点、点电荷、点热源、单位脉冲等等.

设脉冲函数为

$$p_\varepsilon(x)=\begin{cases}\dfrac{1}{2\varepsilon},-\varepsilon\leqslant x\leqslant\varepsilon\\ 0,|x|>\varepsilon\end{cases}$$

如果 ε 越小,其波形就越窄. 称单位脉冲函数的极限为狄拉克(Dirac,δ) 函数. δ 函数描述了一类集中分布量

$$\lim_{\varepsilon\to 0}p_\varepsilon(x)=\delta(x)=\begin{cases}0,x\neq 0\\ \infty,x=0\end{cases}\tag{11.18}$$

并且满足

$$\int_{-\infty}^{\infty}\delta(x)\mathrm{d}x=\lim_{\varepsilon\to0}\int_{-\infty}^{\infty}p_\varepsilon(x)\mathrm{d}x=\lim_{\varepsilon\to0}\int_{-\varepsilon}^{\varepsilon}\frac{1}{2\varepsilon}\mathrm{d}x=1 \tag{11.19}$$

表明 δ 函数在点 $x=0$ 是无限高且无穷窄的，且 δ 函数具有单位面积. 式(11.18)与(11.19)是 δ 函数必不可少的两个特征，因此作为 δ 函数的定义.

如果任意连续函数 $f(x)$ 在点 $x=0$ 连续，则由积分中值定理可得

$$\int_{-\infty}^{\infty}\delta(x)f(x)\mathrm{d}x=\lim_{\varepsilon\to0}\int_{-\infty}^{\infty}p_\varepsilon(x)f(x)\mathrm{d}x=\lim_{\varepsilon\to0}\int_{-\varepsilon}^{\varepsilon}\frac{1}{2\varepsilon}f(x)\mathrm{d}x=f(0)$$

类似于式(11.18)，(11.19)，位于点 $x=x_0$ 的单位物理量引起的密度函数 $\delta(x-x_0)$ 可看作 δ 函数从点 $x=0$ 平移到点 $x=x_0$，即满足

$$\delta(x-x_0)=\begin{cases}0, x\neq x_0\\ \infty, x=x_0\end{cases} \tag{11.20}$$

和

$$\int_{-\infty}^{\infty}\delta(x-x_0)\mathrm{d}x=1 \tag{11.21}$$

且由函数 $f(x)$ 在点 $x=x_0$ 连续，则

$$\int_{-\infty}^{\infty}\delta(x-x_0)f(x)\mathrm{d}x=f(x_0) \tag{11.22}$$

δ 函数最初是由狄拉克(Dirac)根据物理学的需要而引入的，为物理学家、工程师使用. 严格来说，δ 函数不能算是一个函数. 因为满足以上条件的函数是不存在的，但是可以用分布的概念来理解，称为 δ 分布. 在实际应用中，δ 函数或 δ 分布总是伴随着积分一起出现. δ 分布在偏微分方程、数学物理方法、傅里叶分析和概率论里，和很多数学技巧有关. 而且式(11.20)可以用来表示很多特殊的物理量. 比如，位于 x_0 而质量为 m 的质点的线密度为 $m\delta(x-x_0)$；位于 x_0 而电量为 q 的点电荷的线密度为 $q\delta(x-x_0)$.

类似地，可以定义多维的 δ 函数. 比如三维情况下，设在空间区域 Ω 内的任意两点 $M=M(x,y,z)$，$M_0=M_0(x_0,y_0,z_0)$，M_0 是一固定点. 若有

$$\delta(M-M_0)=\delta(x-x_0,y-y_0,z-z_0)=\begin{cases}\infty, M=M_0\\ 0, M\neq M_0\end{cases}$$

且

$$\int_\Omega\delta(M-M_0)\mathrm{d}x\mathrm{d}y\mathrm{d}z=\begin{cases}1, M_0\in\Omega\\ 0, M_0\notin\Omega\end{cases}$$

则称 $\delta(M-M_0)$ 是三维空间的 δ 函数，它表示集中在点 M_0 的单位质量的密度函数. 同样，若 $f(M)=f(x,y,z)$ 在点 $M=M_0$ 连续，则

$$\int_{\Omega}\delta(M-M_0)f(M)\mathrm{d}x\mathrm{d}y\mathrm{d}z=f(M_0),M_0\in\Omega$$

11.2.2 δ函数的性质

1. δ 函数是偶函数，它的导数是奇函数，即

$$\delta(x)=\delta(-x),\delta'(x)=-\delta'(-x)$$

或

$$\delta(x-x_0)=\delta(x_0-x),\delta'(x-x_0)=-\delta'(x_0-x)$$

证明　设 $f_1(x)=\delta(x-x_1)$，$f_2=\delta(x-x_2)$，求积分 $\int_{-\infty}^{\infty}f_1(x)f_2(x)\mathrm{d}x$，由式(11.22)，有

$$\int_{-\infty}^{\infty}f_1(x)f_2(x)\mathrm{d}x=\int_{-\infty}^{\infty}\delta(x-x_1)f_2(x)\mathrm{d}x=f_2(x_1)=\delta(x_1-x_2)$$

$$\int_{-\infty}^{\infty}f_1(x)f_2(x)\mathrm{d}x=\int_{-\infty}^{\infty}f_1(x)\delta(x-x_2)\mathrm{d}x=f_1(x_2)=\delta(x_2-x_1)$$

因此

$$\delta(x_1-x_2)=\delta(x_2-x_1)$$

若 $x_2-x_1=x$，则

$$\delta(-x)=\delta(x)$$

因此 δ 函数是偶函数. 同理可证得它的导数是奇函数.

2. $\delta(ax)=\frac{1}{|a|}\delta(x)$，$a\neq 0$.

证明　对任意连续函数 $f(x)$，恒有

$$\int_{-\infty}^{\infty}f(x)\delta(ax)\mathrm{d}x\xlongequal{\text{令}\,\xi=ax}\begin{cases}\dfrac{1}{a}\displaystyle\int_{-\infty}^{\infty}f\left(\frac{\xi}{a}\right)\delta(\xi)\mathrm{d}\xi=\frac{1}{a}f(0),a>0\\-\dfrac{1}{a}\displaystyle\int_{-\infty}^{\infty}f\left(\frac{\xi}{a}\right)\delta(\xi)\mathrm{d}\xi=-\frac{1}{a}f(0),a<0\end{cases}$$

$$=\frac{1}{|a|}f(0)=\int_{-\infty}^{\infty}f(x)\frac{1}{|a|}\delta(x)\mathrm{d}x$$

由连续函数 $f(x)$ 的任意性得

$$\delta(ax)=\frac{1}{|a|}\delta(x)$$

3. $x\delta(x)=0$.

证明 对任意连续函数 $f(x)$,有

$$\int_{-\infty}^{\infty} x\delta(x)f(x)\mathrm{d}x=\int_{-\infty}^{\infty} xf(x)\delta(x-0)\mathrm{d}x=[xf(x)]\mid_{x=0}=0$$

由连续函数 $f(x)$ 的任意性得

$$x\delta(x)=0$$

4. $\varphi(x)\delta(x-a)=\varphi(a)\delta(x-a)$.

证明 对任意的连续函数 $f(x)$,有

$$\int_{-\infty}^{\infty} f(x)\varphi(x)\delta(x-a)\mathrm{d}x=f(a)\varphi(a)=\int_{-\infty}^{\infty} f(x)\varphi(a)\delta(x-a)\mathrm{d}x$$

由连续函数 $f(x)$ 的任意性得

$$\varphi(x)\delta(x-a)=\varphi(a)\delta(x-a)$$

5. 函数

$$H(x-x_0)=\begin{cases}0, x<x_0\\1, x>x_0\end{cases}$$

称为阶跃函数或赫维赛德(Heaviside) 单位函数,δ 函数是阶跃函数的导数

$$\delta(x-x_0)=\frac{\mathrm{d}}{\mathrm{d}x}H(x-x_0)$$

证明 显然$\frac{\mathrm{d}}{\mathrm{d}x}H(x-x_0)$ 满足

$$\frac{\mathrm{d}}{\mathrm{d}x}H(x-x_0)=\begin{cases}0, x\neq x_0\\\infty, x=x_0\end{cases}$$

且

$$\int_{-\infty}^{\infty}\frac{\mathrm{d}}{\mathrm{d}x}H(x-x_0)\mathrm{d}x=\lim_{x\to+\infty}H(x-x_0)-\lim_{x\to-\infty}H(x-x_0)=1-0=1$$

由 δ 函数的定义即推得$\frac{\mathrm{d}}{\mathrm{d}x}H(x-x_0)$ 是 δ 函数.

6. δ 函数的傅里叶变换

$$F[\delta(x)]=\int_{-\infty}^{\infty}\delta(x)\mathrm{e}^{\mathrm{i}\omega x}\mathrm{d}x=\mathrm{e}^{\mathrm{i}\omega x}\mid_{x=0}=1$$

7. δ 函数的拉普拉斯变换

$$L[\delta(t)]=\int_{0}^{\infty}\delta(t)\mathrm{e}^{-pt}\mathrm{d}t=\mathrm{e}^{-pt}\mid_{t=0}=1$$

11.3 格林函数法解偏微分方程初值问题

11.3.1 一维热传导方程的柯西问题

格林函数法解初值问题，是把一个连续分布的量所产生的效果等效于看成许多集中在各点的量所产生的效果的总和.

例 11.3.1 考虑格林函数法求解一维热传导方程柯西问题

$$\begin{cases} u_t = a^2 u_{xx}, -\infty < x < \infty, t > 0 & (11.23) \\ u|_{t=0} = \varphi(x), -\infty < x < \infty & (11.24) \end{cases}$$

解 这是一个无限长的均匀导热杆在无热源情况下的定解问题. 在 $t=0$ 时刻，用集中火焰在 $x=\xi$ 处把导热杆烧一下，分析传到杆上的热量分布. 由 δ 函数的意义和杆内的温度分布，格林函数 $G(x,t)$（或 $G(x,t;\xi,0)$）为一维热传导方程柯西问题(11.23)，(11.24) 的基本解，满足

$$\begin{cases} G_t = a^2 G_{xx}, -\infty < x < \infty, t > 0 & (11.25) \\ G|_{t=0} = \delta(x-\xi), -\infty < x < \infty & (11.26) \end{cases}$$

这里 $G(x,t)$（或 $G(x,t;\xi,0)$）表示初始时刻 $\tau=0$，位于 ξ 处的单位点热源 $\delta(x-\xi)$ 在 t 时刻于观察点 x 处所产生的影响. 因此，只要求得问题(11.25)，(11.26) 的解 —— 点源影响函数 $G(x,t;\xi,0)$，由积分表达式

$$u(x,t) = \int_{-\infty}^{\infty} G(x,t;\xi,0)\varphi(\xi)\mathrm{d}\xi \tag{11.27}$$

就能求得延伸瞬时源 $\varphi(x)$ 产生的场 $u(x,t)$，也就是柯西问题(11.23)，(11.24) 的解.

可以验证，由 δ 函数的性质

$$u|_{t=0} = \int_{-\infty}^{\infty} G|_{t=0}\varphi(\xi)\mathrm{d}\xi = \int_{-\infty}^{\infty} \delta(x-\xi)\varphi(\xi)\mathrm{d}\xi = \varphi(x)$$

因此初始条件(11.24) 成立. 且由式(11.25)，有

$$\begin{aligned} u_t &= \int_{-\infty}^{\infty} G_t\varphi(\xi)\mathrm{d}\xi = a^2\int_{-\infty}^{\infty} G_{xx}\varphi(\xi)\mathrm{d}\xi \\ &= a^2\left(\int_{-\infty}^{\infty} G(x,t;\xi,0)\varphi(\xi)\mathrm{d}\xi\right)_{xx} \\ &= a^2 u_{xx} \end{aligned}$$

证得 $u(x,t)$ 满足齐次热传导方程(11.23).

下面,利用上一章的傅里叶变换法求定解问题(11.25),(11.26) 的解 $G(x,t;\xi,0)$.

令 $V(\alpha,t;\xi,0)$ 是 $G(x,t;\xi,0)$ 关于变量 x 的傅里叶变换,即

$$V(\alpha,t;\xi,0)=F[G(x,t;\xi,0)]$$

对式(11.25) 左右两端同时求傅里叶变换,可得

$$\frac{\mathrm{d}V}{\mathrm{d}t}=-a^2\alpha^2V$$

这是一个带参数 α 的关于变量 t 的一阶常微分方程,解是

$$V(\alpha,t;\xi,0)=C_1\mathrm{e}^{-a^2\alpha^2t} \tag{11.28}$$

由式(11.26),有

$$F[G|_{t=0}]=F[\delta(x-\xi)]$$

有

$$V(\alpha,0;\xi,0)=\frac{1}{\sqrt{2\pi}}\mathrm{e}^{\mathrm{i}\alpha\xi}$$

代入式(11.28),求得 $C_1=\frac{1}{\sqrt{2\pi}}\mathrm{e}^{\mathrm{i}\alpha\xi}$,因此 $V(\alpha,t;\xi,0)=\frac{1}{\sqrt{2\pi}}\mathrm{e}^{\mathrm{i}\alpha\xi}\mathrm{e}^{-a^2\alpha^2t}$. 对 $V(\alpha,t;\xi,0)$ 求逆变换为

$$\begin{aligned}G(x,t;\xi,0)&=F^{-1}[V(\alpha,t;\xi,0)]\\&=\frac{1}{2\pi}\int_{-\infty}^{\infty}\mathrm{e}^{-a^2\alpha^2t}\mathrm{e}^{-\mathrm{i}\alpha(x-\xi)}\mathrm{d}\alpha\\&=\frac{1}{2\pi}\int_{-\infty}^{\infty}\mathrm{e}^{-a^2\alpha^2t}\cos\alpha(x-\xi)\mathrm{d}\alpha\end{aligned}$$

$$\frac{\mathrm{d}G}{\mathrm{d}x}=\frac{1}{2\pi}\int_{-\infty}^{\infty}\mathrm{e}^{-a^2\alpha^2t}(-\alpha)\sin\alpha(x-\xi)\mathrm{d}\alpha=-\frac{x-\xi}{2a^2t}G(x,t;\xi,0)$$

所以

$$G(x,t;\xi,0)=C_2\mathrm{e}^{-\frac{(x-\xi)^2}{4a^2t}}$$

其中系数

$$C_2=G(\xi,t;\xi,0)=\frac{1}{2\pi}\int_{-\infty}^{\infty}\mathrm{e}^{-a^2\alpha^2t}\mathrm{d}\alpha\xlongequal{令\eta=a\alpha\sqrt{t}}\frac{1}{2a\sqrt{\pi t}}$$

则

$$G(x,t;\xi,0)=\frac{1}{2a\sqrt{\pi t}}\mathrm{e}^{-\frac{(x-\xi)^2}{4a^2t}}$$

最后由积分表达式(11.27) 可求得柯西问题(11.23),(11.24) 的解为

$$u(x,t)=\int_{-\infty}^{\infty}G(x,t;\xi,0)\varphi(\xi)\mathrm{d}\xi=\frac{1}{2a\sqrt{\pi t}}\int_{-\infty}^{\infty}\varphi(\xi)\mathrm{e}^{-\frac{(x-\xi)^2}{4a^2t}}\mathrm{d}\xi$$

例 11.3.2 存在热源 $f(x,t)$ 的一维热传导柯西问题

$$\begin{cases}u_t=a^2u_{xx}+f(x,t),-\infty<x<\infty,t>0 & (11.29)\\ u|_{t=0}=\varphi(x),-\infty<x<\infty & (11.30)\end{cases}$$

解 此非齐次柯西问题的格林函数 $G(x,t;\xi,\tau)$ 满足如下定解问题

$$\begin{cases}G_t=a^2G_{xx}+\delta(x-\xi)\delta(t-\tau),-\infty<x<\infty,t>0 & (11.31)\\ G|_{t=0}=0,-\infty<x<\infty & (11.32)\end{cases}$$

此定解问题的解 $G(x,t;\xi,\tau)$ 表示 τ 时刻在 $x=\xi$ 处有一点热源，在杆上产生的温度分布. 求出 $G(x,t;\xi,\tau)$ 后，由叠加原理可得定解问题(11.29)，(11.30) 的解

$$u(x,t)=\int_{-\infty}^{\infty}\int_0^t G(x,t;\xi,\tau)f(\xi,\tau)\mathrm{d}\xi\mathrm{d}\tau \tag{11.33}$$

同例 11.3.1，可验证 $u(x,t)$ 是非齐次柯西问题(11.29)，(11.30) 的解.

对于定解问题(11.29)，(11.30)，用第四章介绍过的齐次化(Duhamel) 原理求解. 由齐次化原理知

$$G(x,t;\xi,\tau)=\int_0^t \upsilon(x,t;\xi,\tau,t_0)\mathrm{d}t_0$$

其中 υ 满足定解问题

$$\begin{cases}\upsilon_t=a^2\upsilon_{xx} & (11.34)\\ \upsilon|_{t=t_0}=\delta(x-\xi)\delta(t_0-\tau) & (11.35)\end{cases}$$

验证得知

$$G|_{t=0}=0$$

且

$$G_t-a^2G_{xx}=\upsilon(x,t;\xi,\tau,t_0)|_{t_0=t}+\int_0^t\upsilon_t\mathrm{d}t_0-a^2\int_0^t\upsilon_{xx}\mathrm{d}t_0$$

$$\xlongequal{\text{由式(11.34)}}\delta(x-\xi)\delta(t-\tau)$$

对式(11.34)，(11.35) 两边的 t_0，由 0 至 t 积分，得

$$\int_0^t\upsilon_t\mathrm{d}t_0=a^2\int_0^t\upsilon_{xx}\mathrm{d}t_0$$

即

$$G_t=a^2G_{xx}$$

$$\int_0^t (v\mathrm{d}t_0)_{t=t_0} = \delta(x-\xi)\int_0^t \delta(t_0-\tau)\mathrm{d}t_0$$

得

$$G|_{t=\tau} = \delta(x-\xi)$$

故得到与问题(11.31),(11.32)等价的定解问题

$$\begin{cases} G_t = a^2 G_{xx}, -\infty < x < \infty, t > \tau & (11.36) \\ G|_{t=\tau} = \delta(x-\xi), -\infty < x < \infty & (11.37) \end{cases}$$

因此类似于例 11.3.1,由傅里叶变换法求格林函数,可求得

$$G(x,t;\xi,\tau) = \frac{1}{2a\sqrt{\pi(t-\tau)}}\mathrm{e}^{-\frac{(x-\xi)^2}{4a^2(t-\tau)}}$$

代入解的积分式(11.33),得

$$u(x,t) = \int_{-\infty}^{\infty}\int_0^t f(\xi,\tau)\frac{1}{2a\sqrt{\pi(t-\tau)}}\mathrm{e}^{-\frac{(x-\xi)^2}{4a^2(t-\tau)}}\mathrm{d}\xi\mathrm{d}\tau$$

11.3.2　一维波动方程的初值问题

例 11.3.3　齐次波动方程定解问题

$$\begin{cases} u_{tt} = a^2 u_{xx}, -\infty < x < \infty, t > 0 & (11.38) \\ u|_{t=0} = \varphi(x), u_t|_{t=0} = \psi(x), -\infty < x < \infty & (11.39) \end{cases}$$

解　可以考虑达朗贝尔公式直接求解

$$u(x,t) = \frac{1}{2}[\varphi(x-at)+\varphi(x+at)] + \frac{1}{2a}\int_{x-at}^{x+at}\psi(\tau)\mathrm{d}\tau$$

也可以考虑用格林函数法求解.该定解问题的格林函数 $G(x,t;\xi,0)$ 满足

$$\begin{cases} G_{tt} = a^2 G_{xx}, -\infty < x < \infty, t > 0 & (11.40) \\ G|_{t=0} = 0, G_t|_{t=0} = \delta(x-\xi), -\infty < x < \infty & (11.41) \end{cases}$$

$G(x,t;\xi,0)$ 表示在 $t=0$ 时刻,在点 $x=\xi$ 处受某一瞬时力的作用,在 t 时刻 x 处所产生的位移量.由叠加原理可得问题(11.38),(11.39)的解

$$u(x,t) = \int_{-\infty}^{\infty}\psi(\xi)G(x,t;\xi,0)\mathrm{d}\xi + \frac{\partial}{\partial t}\int_{-\infty}^{\infty}\varphi(\xi)G(x,t;\xi,0)\mathrm{d}\xi \quad (11.42)$$

与热传导方程初值问题解的证明相同,可验证 $u(x,t)$ 满足方程(11.38)和初始条件(11.39),是定解问题(11.38),(11.39)的解.

由达朗贝尔公式或傅里叶变换法可求得格林函数 $G(x,t;\xi,0)$,有

$$G(x,t;\xi,0)=\begin{cases}\dfrac{1}{2a}, & |x-\xi|\leqslant at\\ 0, & |x-\xi|>at\end{cases}$$

因此将其代入积分公式(11.42) 可得齐次波动方程定解问题的解 $u(x,t)$,与达朗贝尔公式所求结果相同.

例 11.3.4 非齐次波动方程定解问题

$$\begin{cases}u_{tt}=a^2u_{xx}+f(x,t), -\infty<x<\infty, t>0 & (11.43)\\ u|_{t=0}=0, u_t|_{t=0}=0, -\infty<x<\infty & (11.44)\end{cases}$$

解 其格林函数 $G(x,t;\xi,\tau)$

$$\begin{cases}G_{tt}=a^2G_{xx}, -\infty<x<\infty, t>\tau\\ G|_{t=\tau}=0, G_t|_{t=\tau}=\delta(x-\xi), -\infty<x<\infty\end{cases}$$

表示在 $t=\tau$ 时刻,在点 $x=\xi$ 处受某一瞬时力的作用,在 t 时刻点 x 处所产生的位移量.由达朗贝尔公式或傅里叶变换法求得

$$G(x,t;\xi,\tau)=\begin{cases}\dfrac{1}{2a}, & |x-\xi|\leqslant a(t-\tau)\\ 0, & |x-\xi|>a(t-\tau)\end{cases}$$

因此由叠加原理,求得非齐次波动方程定解问题(11.43),(11.44) 的解,有

$$u(x,t)=\int_0^t\int_{-\infty}^{\infty}f(\xi,\tau)G(x,t;\xi,\tau)\mathrm{d}\xi\mathrm{d}\tau=\frac{1}{2a}\int_0^t\int_{x-a(t-\tau)}^{x+a(t-\tau)}f(\xi,\tau)\mathrm{d}\xi\mathrm{d}\tau$$

例 11.3.5 非齐次波动方程定解问题

$$\begin{cases}u_{tt}=a^2u_{xx}+f(x,t), -\infty<x<\infty, t>0 & (11.45)\\ u|_{t=0}=\varphi(x), u_t|_{t=0}=\psi(x), -\infty<x<\infty & (11.46)\end{cases}$$

解 该定解问题的格林函数 $G(x,t;\xi,\tau)$ 满足

$$\begin{cases}G_{tt}=a^2G_{xx}+\delta(x-\xi)\delta(t-\tau), -\infty<x<\infty, t>0 & (11.47)\\ G|_{t=0}=0, G_t|_{t=0}=0, -\infty<x<\infty & (11.48)\end{cases}$$

由齐次化原理,初值问题(11.47),(11.48) 可化为与之完全等价的初值问题

$$\begin{cases}G_{tt}=a^2G_{xx}, -\infty<x<\infty, t>\tau & (11.49)\\ G|_{t=\tau}=0, G_t|_{t=\tau}=\delta(x-\xi), -\infty<x<\infty & (11.50)\end{cases}$$

由叠加原理可得问题(11.45),(11.46) 的解

$$u(x,t)=\int_0^t\int_{-\infty}^{\infty}f(\xi,\tau)G(x,t;\xi,\tau)\mathrm{d}\xi\mathrm{d}\tau+\int_{-\infty}^{\infty}\psi(\xi)G(x,t;\xi,0)\mathrm{d}\xi+$$

$$\frac{\partial}{\partial t}\int_{-\infty}^{\infty}\varphi(\xi)G(x,t;\xi,0)\mathrm{d}\xi \tag{11.51}$$

与热传导方程初值问题解的证明相同，可证得 $u(x,t)$ 是定解问题(11.45)，(11.46) 的解.

由例 11.3.3 中齐次方程定解问题的格林函数可知定解问题(11.49)，(11.50) 的解为

$$G(x,t;\xi,\tau)=\begin{cases}\dfrac{1}{2a}, & |x-\xi|\leqslant a(t-\tau)\\ 0, & |x-\xi|>a(t-\tau)\end{cases}$$

代入式(11.51) 即得非齐次波动方程(11.45)，(11.46) 的解 $u(x,t)$.

或者可以考虑叠加原理，将 $u(x,t)$ 分成两个子问题 u_1 和 u_2 的解之和.

令 $u=u_1+u_2$，其中 u_1 满足

$$\begin{cases}u_{1tt}=a^2u_{1xx}, -\infty<x<\infty, t>0\\ u_1|_{t=0}=\varphi(x), u_{1t}|_{t=0}=\psi(x), -\infty<x<\infty\end{cases}$$

是齐次波动问题的解，即例 11.3.3 的解

$$u_1(x,t)=\int_{-\infty}^{\infty}\psi(\xi)G(x,t;\xi,0)\mathrm{d}\xi+\frac{\partial}{\partial t}\int_{-\infty}^{\infty}\varphi(\xi)G(x,t;\xi,0)\mathrm{d}\xi$$

其中格林函数 $G(x,t;\xi,0)$ 为

$$G(x,t;\xi,0)=\begin{cases}\dfrac{1}{2a}, & |x-\xi|\leqslant at\\ 0, & |x-\xi|>at\end{cases}$$

u_2 满足

$$\begin{cases}u_{2tt}=a^2u_{2xx}+f(x,t), -\infty<x<\infty, t>0\\ u_2|_{t=0}=0, u_{2t}|_{t=0}=0, -\infty<x<\infty\end{cases}$$

是非齐次波动方程的解，即例 11.3.4 的解

$$u_2(x,t)=\int_0^t\int_{-\infty}^{\infty}f(\xi,\tau)G(x,t;\xi,\tau)\mathrm{d}\xi\mathrm{d}\tau=\frac{1}{2a}\int_0^t\int_{x-a(t-\tau)}^{x+a(t-\tau)}f(\xi,\tau)\mathrm{d}\xi\mathrm{d}\tau$$

其中格林函数为

$$G(x,t;\xi,\tau)=\begin{cases}\dfrac{1}{2a}, & |x-\xi|\leqslant a(t-\tau)\\ 0, & |x-\xi|>a(t-\tau)\end{cases}$$

因此

$$u(x,t)=\int_{-\infty}^{\infty}\psi(\xi)G(x,t;\xi,0)\mathrm{d}\xi+\frac{\partial}{\partial t}\int_{-\infty}^{\infty}\varphi(\xi)G(x,t;\xi,0)\mathrm{d}\xi+$$

$$\int_0^t\int_{-\infty}^{\infty} f(\xi,\tau)G(x,t;\xi,\tau)\mathrm{d}\xi\mathrm{d}\tau$$

$$=\frac{1}{2}[\varphi(x-at)+\varphi(x+at)]+\frac{1}{2a}\int_{x-at}^{x+at}\psi(\xi)\mathrm{d}\xi+$$

$$\frac{1}{2a}\int_0^t\int_{x-a(t-\tau)}^{x+a(t-\tau)} f(\xi,\tau)\mathrm{d}\xi\mathrm{d}\tau$$

11.4 格林函数法解偏微分方程边值问题

本节讨论用格林函数法求解热传导方程和波动方程的混合问题. 为讨论简便，假定边界条件都是齐次的. 非齐次的边界条件问题可以通过问题分解转化为齐次边界条件求解. 这里需要注意一点，边界条件可以是第一类边界条件，也可以是第二类、第三类边界条件，但问题中的格林函数满足的边界条件必须与本问题的边界条件同类型.

11.4.1 一维热传导方程的混合问题

例 11.4.1 一维齐次热传导方程混合问题

$$\begin{cases} u_t=a^2u_{xx},0<x<l,t>0 & (11.52)\\ u|_{x=0}=u|_{x=l}=0,t\geqslant 0 & (11.53)\\ u|_{t=0}=\varphi(x),0\leqslant x\leqslant l & (11.54)\end{cases}$$

解 称定解问题

$$\begin{cases} G_t=a^2G_{xx},0<x<l,t>0 & (11.55)\\ G|_{x=0}=G|_{x=l}=0,t\geqslant 0 & (11.56)\\ G|_{t=0}=\delta(x-\xi),0\leqslant x\leqslant l & (11.57)\end{cases}$$

的解 $G(x,t;\xi,0)$ 是在 $t=0$ 时刻，位于 $x=\xi$ 处的单位热源在导热杆上产生的温度场. 利用本征函数法，解得

$$G(x,t;\xi,0)=\sum_{n=1}^{\infty}C_n\mathrm{e}^{-\left(\frac{an\pi}{l}\right)^2t}\sin\frac{n\pi}{l}x \tag{11.58}$$

其中系数 $C_n=\frac{2}{l}\int_0^l\delta(x-\xi)\sin\frac{n\pi}{l}x\,\mathrm{d}x=\frac{2}{l}\sin\frac{n\pi}{l}\xi$.

由场的叠加原理，可得热传导问题(11.52) ~ (11.54) 的解

$$u(x,t)=\int_0^l G(x,t;\xi,0)\varphi(\xi)\mathrm{d}\xi=\frac{2}{l}\int_0^l\left[\sum_{n=0}^{\infty}\mathrm{e}^{-\left(\frac{an\pi}{l}\right)^2t}\sin\frac{n\pi}{l}\xi\sin\frac{n\pi}{l}x\right]\varphi(\xi)\mathrm{d}\xi \tag{11.59}$$

例 11.4.2　一维非齐次热传导方程混合问题

$$\begin{cases}u_t=a^2u_{xx}+f(x,t),0<x<l,t>0 & (11.60)\\ u\,|_{x=0}=u\,|_{x=l}=0,t\geqslant 0 & (11.61)\\ u\,|_{t=0}=0,0\leqslant x\leqslant l & (11.62)\end{cases}$$

解　可以考虑用齐次化原理求解，也可以用格林函数求解. 这里只给出格林函数法求解的过程. 齐次化原理见第 4 章行波法.

定解问题

$$\begin{cases}G_t=a^2G_{xx}+\delta(x-\xi)\delta(t-\tau),0<x<l,t>0 & (11.63)\\ G\,|_{x=0}=G\,|_{x=l}=0,t\geqslant 0 & (11.64)\\ G\,|_{t=0}=0,0\leqslant x\leqslant l & (11.65)\end{cases}$$

的解 $G(x,t;\xi,\tau)$ 称为混合问题(11.60) ~ (11.62) 的格林函数，表示在 $t=\tau$ 时刻，位于点 $x=\xi$ 处的单位热源在导热杆上产生的温度场. 由齐次化原理可将问题 (11.63) ~(11.65) 化为与其完全等价的混合问题

$$\begin{cases}G_t=a^2G_{xx},0<x<l,t>0 & (11.66)\\ G\,|_{x=0}=G\,|_{x=l}=0,t\geqslant 0 & (11.67)\\ G\,|_{t=\tau}=\delta(x-\xi),0\leqslant x\leqslant l & (11.68)\end{cases}$$

由本征函数解得

$$G(x,t;\xi,\tau)=\sum_{n=0}^{\infty}C_n\mathrm{e}^{-\left(\frac{an\pi}{l}\right)^2(t-\tau)}\sin\frac{n\pi}{l}x \tag{11.69}$$

其中系数 $C_n=\frac{2}{l}\sin\frac{n\pi}{l}\xi$. 由场的叠加原理，可得非齐次热传导问题(11.60) ~ (11.62) 的解

$$\begin{aligned}u(x,t)&=\int_0^t\int_0^l G(x,t;\xi,\tau)f(\xi,\tau)\mathrm{d}\xi\mathrm{d}\tau\\ &=\frac{2}{l}\int_0^t\int_0^l\left[\sum_{n=0}^{\infty}\mathrm{e}^{-\left(\frac{an\pi}{l}\right)^2(t-\tau)}\sin\frac{n\pi}{l}\xi\sin\frac{n\pi}{l}x\right]f(\xi,\tau)\mathrm{d}\xi\mathrm{d}\tau\end{aligned} \tag{11.70}$$

例 11.4.3　一维非齐次热传导方程混合问题

$$\begin{cases}u_t=a^2u_{xx}+f(x,t),0<x<l,t>0 & (11.71)\\ u\,|_{x=0}=u\,|_{x=l}=0,t\geqslant 0 & (11.72)\\ u\,|_{t=0}=\varphi(x),0\leqslant x\leqslant l & (11.73)\end{cases}$$

解　定解问题

$$\begin{cases}G_t = a^2 G_{xx} + \delta(x-\xi)\delta(t-\tau), \quad 0 < x < l, \quad t > 0 & (11.74)\\ G|_{x=0} = G|_{x=l} = 0, \quad t \geqslant 0 & (11.75)\\ G|_{t=0} = 0, \quad 0 \leqslant x \leqslant l & (11.76)\end{cases}$$

的解 $G(x,t;\xi,\tau)$ 称为混合问题(11.71)～(11.73)的格林函数,表示在 $t=\tau$ 时刻,位于点 $x=\xi$ 处的单位热源在导热杆上产生的温度场.由齐次化原理可将问题(11.74)～(11.76)化为与其完全等价的混合问题

$$\begin{cases}G_t = a^2 G_{xx}, 0 < x < l, t > 0 & (11.77)\\ G|_{x=0} = G|_{x=l} = 0, t \geqslant 0 & (11.78)\\ G|_{t=\tau} = \delta(x-\xi), 0 \leqslant x \leqslant l & (11.79)\end{cases}$$

由本征函数解得 $G(x,t;\xi,\tau)$ 就是式(11.69).因此,由场的叠加原理,可得非齐次热传导问题(11.71)～(11.73)的解

$$\begin{aligned}u(x,t) &= \int_0^l G(x,t;\xi,0)\varphi(\xi)\mathrm{d}\xi + \int_0^t\int_0^l G(x,t;\xi,\tau)f(\xi,\tau)\mathrm{d}\xi\mathrm{d}\tau\\ &= \frac{2}{l}\int_0^l\left[\sum_{n=0}^{\infty}\mathrm{e}^{-\left(\frac{an\pi}{l}\right)^2 t}\sin\frac{n\pi}{l}\xi\sin\frac{n\pi}{l}x\right]\varphi(\xi)\mathrm{d}\xi +\\ &\quad \frac{2}{l}\int_0^t\int_0^l\left[\sum_{n=0}^{\infty}\mathrm{e}^{-\left(\frac{an\pi}{l}\right)^2(t-\tau)}\sin\frac{n\pi}{l}\xi\sin\frac{n\pi}{l}x\right]f(\xi,\tau)\mathrm{d}\xi\mathrm{d}\tau \quad (11.80)\end{aligned}$$

式(11.58)和式(11.69)比较可知,若时间不是从0而是从时刻 τ 开始,即用 $t-\tau$ 代替式(11.58)中的 t,则式(11.58)就变为式(11.69).

11.4.2 一维波动方程的混合问题

例 11.4.4 一维齐次波动方程混合问题

$$\begin{cases}u_{tt} = a^2 u_{xx}, 0 < x < l, t > 0 & (11.81)\\ u|_{x=0} = u|_{x=l} = 0, t \geqslant 0 & (11.82)\\ u|_{t=0} = \varphi(x), u_t|_{t=0} = \psi(x), 0 \leqslant x \leqslant l & (11.83)\end{cases}$$

解 称定解问题

$$\begin{cases}G_{tt} = a^2 G_{xx}, 0 < x < l, t > 0 & (11.84)\\ G|_{x=0} = G|_{x=l} = 0, t \geqslant 0 & (11.85)\\ G|_{t=0} = 0, G_t|_{t=0} = \delta(x-\xi), 0 \leqslant x \leqslant l & (11.86)\end{cases}$$

的解 $G(x,t;\xi,0)$ 是齐次波动方程混合问题(11.81)～(11.83)的格林函数,由本征函数法可求得

$$G(x,t;\xi,0)=\sum_{n=0}^{\infty}(A_n\cos\frac{an\pi}{l}t+B_n\sin\frac{an\pi}{l}t)\sin\frac{n\pi}{l}x$$

其中系数 $A_n=0,B_n=\frac{2}{an\pi}\sin\frac{n\pi}{l}\xi$. 由场的叠加原理，可得波动问题(11.81) ～ (11.83) 的解

$$u(x,t)=\int_0^l\psi(\xi)G(x,t;\xi,0)\mathrm{d}\xi+\frac{\partial}{\partial t}\int_0^l\varphi(\xi)G(x,t;\xi,0)\mathrm{d}\xi$$

$$=\sum_{n=0}^{\infty}\frac{2}{an\pi}\sin\frac{an\pi}{l}t\sin\frac{n\pi}{l}x\left[\int_0^l\psi(\xi)\sin\frac{n\pi}{l}\xi\mathrm{d}\xi+\frac{\partial}{\partial t}\int_0^l\varphi(x_1)\sin\frac{n\pi}{l}\xi\mathrm{d}\xi\right] \tag{11.87}$$

例 11.4.5　一维非齐次波动方程混合问题

$$\begin{cases}u_{tt}=a^2u_{xx}+f(x,t),0<x<l,t>0 & (11.88)\\ u|_{x=0}=u|_{x=l}=0,t\geqslant 0 & (11.89)\\ u|_{t=0}=\varphi(x),u_t|_{t=0}=\psi(x),0\leqslant x\leqslant l & (11.90)\end{cases}$$

解　称定解问题

$$\begin{cases}G_{tt}=a^2G_{xx}+\delta(x-\xi)\delta(t-\tau),0<x<l,t>0 & (11.91)\\ G|_{x=0}=G|_{x=l}=0,t\geqslant 0 & (11.92)\\ G|_{t=0}=0,G_t|_{t=0}=0,0\leqslant x\leqslant l & (11.93)\end{cases}$$

的解 $G(x,t;\xi,\tau)$ 是非齐次波动方程混合问题(11.88) ～ (11.90) 的格林函数. 或由齐次化原理，可得到与问题(11.91) ～ (11.93) 等价的定解问题

$$\begin{cases}G_{tt}=a^2G_{xx},0<x<l,t>0 & (11.94)\\ G|_{x=0}=G|_{x=l}=0,t\geqslant\tau & (11.95)\\ G|_{t=\tau}=0,G_t|_{t=\tau}=\delta(x-\xi),0\leqslant x\leqslant l & (11.96)\end{cases}$$

由本征函数法求得格林函数为

$$G(x,t;\xi,\tau)=\sum_{n=0}^{\infty}\frac{2}{an\pi}\sin\frac{n\pi}{l}\xi\sin\frac{an\pi}{l}(t-\tau)\sin\frac{n\pi}{l}x$$

因此，由场的叠加原理，求得非齐次波动问题(11.88) ～ (11.90) 的解

$$u(x,t)=\int_0^l\psi(\xi)G(x,t;\xi,0)\mathrm{d}\xi+\frac{\partial}{\partial t}\int_0^l\varphi(\xi)G(x,t;\xi,0)\mathrm{d}\xi+$$

$$\int_0^t\int_0^l f(\xi,\tau)G(x,t;\xi,\tau)\mathrm{d}\xi\mathrm{d}\tau$$

$$=\sum_{n=0}^{\infty}\frac{2}{an\pi}\sin\frac{an\pi}{l}t\sin\frac{n\pi}{l}x\left[\int_0^l\psi(\xi)\sin\frac{n\pi}{l}\xi\mathrm{d}\xi+\frac{\partial}{\partial t}\int_0^l\varphi(\xi)\sin\frac{n\pi}{l}\xi\mathrm{d}\xi\right]+$$

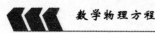

$$\sum_{n=0}^{\infty}\frac{2}{an\pi}\sin\frac{n\pi}{l}x\int_0^t\int_0^l\sin\frac{n\pi}{l}\xi\sin\frac{an\pi}{l}(t-\tau)f(\xi,\tau)\mathrm{d}\xi\mathrm{d}\tau \tag{11.97}$$

或者也可以类似于分离变量法章节中介绍的求解非齐次问题的方法，考虑将非齐次问题分解为两个子问题分别求解，将所得结果求和即为所求解.

对于二、三维热传导方程和波动方程的定解问题，也可用格林函数法求解，此处不再赘述.

这里简单总结格林函数法解混合问题的步骤：

1. 由所求定解问题给出相应的格林函数满足的问题，同时保证原问题和格林函数满足的问题中边界条件类型相同；

2. 求解格林函数 $G(x,t;\xi,\tau)$ 或 $G(x,t;\xi,0)$（即 $\tau=0$ 时刻）；

3. 根据场的叠加原理，由积分公式求出所要求的定解问题的解 $u(x,t)$.

11.5 拉普拉斯方程的格林函数

称 $G=G(\boldsymbol{r},\boldsymbol{r}')$ 为拉普拉斯方程

$$\Delta u=0 \tag{11.98}$$

的基本解（或格林函数），如果 $G=G(\boldsymbol{r},\boldsymbol{r}')$ 满足

$$-\Delta G=\delta(r-r') \tag{11.99}$$

这里 Δ 是拉普拉斯算子. 将问题简化，将点源置于原点，取 $\boldsymbol{r}'=(0,0,0)$，则方程(11.99) 是一个球对称方程，于是可以简化成一个常微分方程

$$-\frac{1}{r^2}\frac{\mathrm{d}}{\mathrm{d}r}\left(r^2\frac{\mathrm{d}}{\mathrm{d}r}G\right)=\delta(r)$$

当 $r\neq 0$ 时，常微分方程的解为

$$G(r)=\frac{c}{r}+c'$$

下面确定常系数 c,c'. 令 S_ε 为以任意小 ε 为半径且包含原点的球面，V_ε 为球面 S_ε 所围球体. 对方程(11.99)（此时 $\boldsymbol{r}'=0$）两边同时在球体 V_ε 上积分，由奥高公式得

$$-c\oint_{S_\varepsilon}\frac{\partial}{\partial r}\left(\frac{1}{r}\right)\mathrm{d}\sigma=1$$

所以 $c=\frac{1}{4\pi}$. 因此拉普拉斯方程(11.98) 的基本解为（通常取 $c'=0$）

$$G(\boldsymbol{r},\boldsymbol{r}')=\frac{1}{4\pi\,|\,\boldsymbol{r}-\boldsymbol{r}'\,|}$$

同理可推出二维拉普拉斯方程的基本解为

$$G(\boldsymbol{r},\boldsymbol{r}')=\frac{1}{2\pi}\ln\frac{1}{|\boldsymbol{r}-\boldsymbol{r}'|}$$

格林公式的特点是它可以把一个区域内部的积分化成沿着这个区域边界的积分. 设 u,v 是 $R^n(n\geqslant 2)$ 中区域 Ω 上的两个二阶连续可微函数,则

$$\nabla\cdot(u\cdot\nabla v)=\nabla u\cdot\nabla v+u\Delta v \tag{11.100}$$

$$\nabla\cdot(v\cdot\nabla u)=\nabla u\cdot\nabla v+v\Delta u \tag{11.101}$$

由 δ 函数的性质(11.18),(11.19) 得

$$\nabla\cdot(u\cdot\nabla v-v\cdot\nabla u)=u\Delta v-v\Delta u \tag{11.102}$$

用奥高公式将式(11.100)(或式(11.101)) 和式(11.102) 写成的积分公式分别称为格林第一公式、格林第二公式.

格林第一公式

$$\oint_{\partial\Omega}u\frac{\partial v}{\partial\boldsymbol{n}}\mathrm{d}\sigma=\int_{\Omega}(\nabla u\cdot\nabla v+u\Delta v)\mathrm{d}V \tag{11.103}$$

格林第二公式

$$\oint_{\partial\Omega}\left(u\frac{\partial v}{\partial\boldsymbol{n}}-v\frac{\partial u}{\partial\boldsymbol{n}}\right)\mathrm{d}\sigma=\int_{\Omega}(u\Delta v-v\Delta u)\mathrm{d}V \tag{11.104}$$

上述格林公式要求函数 u 和 v 在区域 Ω 内部必须二阶连续可微,而实际上函数在区域 Ω 内往往有孤立奇点. 因此通常从 Ω 中挖去以孤立奇点为中心、以任意小 ε 为半径的球体 V_ε,在区域 $\Omega_\varepsilon=\Omega-V_\varepsilon$ 上使用格林函数,然后令 $\varepsilon\to 0$,如果极限存在,则格林公式也可以应用到这种带孤立奇点的情况. 但是如果 u,v 中的一个函数具有 δ 函数的奇异性,而另一个函数在 Ω 内二阶连续可微,格林公式(11.104) 仍然成立,即如下命题成立.

命题 11.5.1　假设函数 u 在 Ω 内二阶连续可微,G 有 δ 函数的奇异性,即 $-\Delta G=\delta(\boldsymbol{r}-\boldsymbol{r}')$,其中 $\boldsymbol{r}'$ 是位于 Ω 内部的固定点,则格林第二公式仍然成立,即

$$\oint_{\partial\Omega}\left(u\frac{\partial G}{\partial\boldsymbol{n}}-G\frac{\partial u}{\partial\boldsymbol{n}}\right)\mathrm{d}\sigma=\int_{\Omega}(u\Delta G-G\Delta u)\mathrm{d}V$$

现在用格林函数和格林公式来求解拉普拉斯方程或泊松方程边值问题

$$\begin{cases}-\Delta u=f(\boldsymbol{r}),\boldsymbol{r}\in\Omega & (11.105)\\ \left(\alpha\dfrac{\partial u}{\partial\boldsymbol{n}}+\beta u\right)\partial\Omega=\phi(\boldsymbol{r}) & (11.106)\end{cases}$$

定义 11.5.1　称 $G=G(\boldsymbol{r},\boldsymbol{r}')$ 为第一类(此时 $\alpha=0,\beta=1$) 或第三类(此时 α 和 β 同时不为零) 边值问题(11.105),(11.106) 的格林函数,如果它满足下面的定解

问题

$$\begin{cases}-\Delta G=\delta(\boldsymbol{r},\boldsymbol{r}'),\boldsymbol{r},\boldsymbol{r}'\in\Omega & (11.107)\\ \left(\alpha\dfrac{\partial G}{\partial\boldsymbol{n}}+\beta G\right)_{\partial\Omega}=0 & (11.108)\end{cases}$$

式(11.105)$\times G-$式(11.107)$\times u$,且在Ω上积分得

$$\int_{\Omega}(G\Delta u-u\Delta G)\mathrm{d}V=-\int_{\Omega}G(\boldsymbol{r},\boldsymbol{r}')f(r)\mathrm{d}V+\int_{\Omega}u(r)\delta(\boldsymbol{r},\boldsymbol{r}')\mathrm{d}V$$

上式左端由格林第二公式,将其化简得到拉普拉斯方程或泊松方程的解

$$u(\boldsymbol{r}')=\int_{\Omega}G(\boldsymbol{r},\boldsymbol{r}')f(\boldsymbol{r})\mathrm{d}V+\oint_{\partial\Omega}\left[G(\boldsymbol{r},\boldsymbol{r}')\frac{\partial u(\boldsymbol{r})}{\partial\boldsymbol{n}}-u(\boldsymbol{r})\frac{G(\boldsymbol{r},\boldsymbol{r}')}{\partial\boldsymbol{n}}\right]\mathrm{d}\sigma \tag{11.109}$$

1.第一边值问题($\alpha=0,\beta=1$)

对应的格林函数满足边界条件

$$G(\boldsymbol{r},\boldsymbol{r}')\mid_{\partial\Omega}=0$$

将其代入式(11.109)得到狄利克雷边值问题的解为

$$u(\boldsymbol{r}')=\int_{\Omega}G(\boldsymbol{r},\boldsymbol{r}')f(\boldsymbol{r}')\mathrm{d}V-\oint_{\partial\Omega}\frac{\partial G}{\partial\boldsymbol{n}}(\boldsymbol{r},\boldsymbol{r}')\phi(\boldsymbol{r})\mathrm{d}\sigma$$

2.第三边值问题($\alpha\neq0,\beta\neq0$)

式(11.106)$\times G-$式(11.108)$\times u$,有

$$\alpha\left[G(\boldsymbol{r},\boldsymbol{r}')\frac{\partial u(\boldsymbol{r})}{\partial\boldsymbol{n}}-u(\boldsymbol{r})\frac{G(\boldsymbol{r},\boldsymbol{r}')}{\partial\boldsymbol{n}}\right]_{\partial\Omega}=G(\boldsymbol{r},\boldsymbol{r}')\phi(\boldsymbol{r})\mid_{\partial\Omega}$$

将其代入式(11.109)得到罗宾边值问题的解为

$$u(\boldsymbol{r}')=\int_{\Omega}G(\boldsymbol{r},\boldsymbol{r}')f(\boldsymbol{r})\mathrm{d}V+\frac{1}{\alpha}\oint_{\partial\Omega}G(\boldsymbol{r},\boldsymbol{r}')\phi(\boldsymbol{r})\mathrm{d}\sigma$$

11.6 MATLAB 求解

例11.4.1中求解无限长均匀细杆的热传导问题,温度随时间和空间的变化曲线图可见11.1,有

$$u(x,t)=\frac{1}{2a\sqrt{\pi t}}\int_{-\infty}^{\infty}\varphi(\xi)\mathrm{e}^{-\frac{(x-\xi)^2}{4a^2t}}\mathrm{d}\xi$$

图11.1中,$-10\leqslant x\leqslant10,0\leqslant t\leqslant1,0\leqslant u\leqslant100$.温度分布在图中表现为原点附近的一个脉冲,随着时间的递增,热量向两边传播,当时间趋于无穷时,杆上的温度将趋于零.MATLAB程序如下:

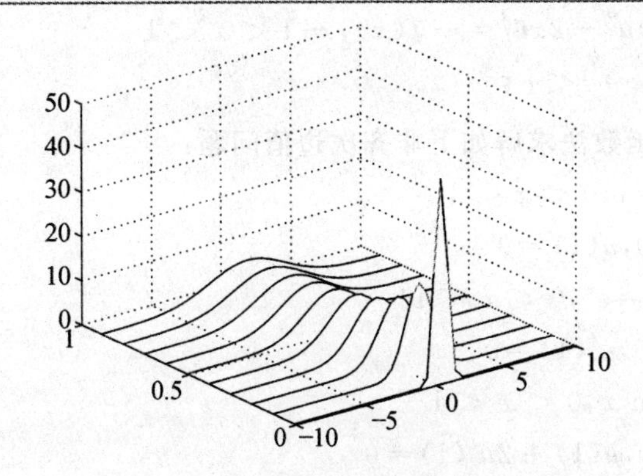

图 11.1　一维热传导方程的解

```
≫ x=-10:0.5:10;
≫ t=0.01:0.1:1;
≫ tau=0:0.01:1;
≫ a=2;
≫ [X,T,TAU]=meshgrid(x,t,tau);
≫ F=1/2/2./sqrt(pi*T).*exp(-(X-TAU).^2/4/2^2./T);
≫ js=0.5*trapz(F,3);
≫ waterfall(X(:,:,1),T(:,:,1),js)
```

习题 11

1. 求出如下边值问题的格林函数：

(a) $\begin{cases} L[u]=u''=0 \\ u(0)=0,\quad u'(1)=0 \end{cases}$；

(b) $\begin{cases} L[u]=xu''+u'=0 \\ u(1)=0,\lim\limits_{x\to 0}|u(x)|<+\infty \end{cases}$；

(c) $\begin{cases} L[u]=(1-x^2)u''-2xu'=0 \\ u(0)=0,u'(1)=0 \end{cases}$；

(d) $\begin{cases} L[u]=u''+a^2u=0,a>0,\text{常量} \\ u(0)=0,u(1)=0 \end{cases}$；

(e) $\begin{cases} u''=-f(x),0<x<1 \\ u(0)=0,u(1)-u'(1)=0 \end{cases}$；

(f) $\begin{cases}(1-x^2)u''-2xu'=-f(x),-1<x<1\\ \lim\limits_{x\to\pm1}|u(x)|<+\infty\end{cases}$.

2. 利用格林函数法求解如下非齐次边值问题：

(a) $\begin{cases}u''+u=1,0<x<1\\ u(0)=0,u(1)=0\end{cases}$；

(b) $\begin{cases}u''+4u=e^x,0<x<1\\ u(0)=0,u'(1)=0\end{cases}$；

(c) $\begin{cases}u''=-\ln x,0<x<1\\ u(0)=0,u(1)+2u'(1)=0\end{cases}$；

(d) $\begin{cases}u''-u=x,x>1\\ u(1)=1,u'(1)=0\end{cases}$；

(e) $\begin{cases}x^2u''+xu'+u=\sin x,x>0\\ u(0)=0,u'(0)=0\end{cases}$.

3. 用格林函数法，并应用 δ 函数的性质，直接用傅里叶变换求解下列问题：

(a) $\begin{cases}u_{tt}=a^2u_{xx},-\infty<x<+\infty,t>0\\ u(x,0)=\varphi(x),u_t(x,0)=\psi(x),-\infty<x<+\infty\end{cases}$；

(b) $\begin{cases}u_{tt}=a^2(u_{xx}+u_{yy}+u_{zz}),-\infty<x,y,z<+\infty,t>0\\ u_{t=0}=\varphi(x,y,z),u_t|_{t=0}=\psi(x,y,z),-\infty<x,y,z<+\infty\end{cases}$.

4. 用格林函数法，并用拉普拉斯变换解初值问题：

$$\begin{cases}u_{tt}=a^2u_{xx},-\infty<x<+\infty,t>0\\ u(x,0)=\varphi(x),u_t(x,0)=\psi(x),-\infty<x<+\infty\end{cases}.$$

5. 用格林函数法解下列问题：

(a) $\begin{cases}u_t=a^2u_{xx}+\sin\dfrac{\pi}{l}x,0<x<l,t>0\\ u|_{x=0}=0,u|_{x=l}=0,t\geqslant0\\ u|_{t=0}=\sin\dfrac{3\pi}{l}x,0<x<l\end{cases}$；

(b) $\begin{cases}u_t=a^2u_{xx}+A\sin\omega t,0<x<l,t>0\\ u_x|_{x=0}=0,u_x|_{x=l}=0,t\geqslant0\\ u|_{t=0}=0,0<x<l\end{cases}$；

(c) $\begin{cases} u_{tt}=a^2u_{xx}+\sin\dfrac{\pi}{l}x, 0<x<l, t>0 \\ u|_{x=0}=0, u|_{x=l}=0, t\geqslant 0 \\ u|_{t=0}=\sin\dfrac{4\pi}{l}x, u_t|_{t=0}=\sin\dfrac{2\pi}{l}x, 0<x<l \end{cases}$;

(d) $\begin{cases} u_{tt}=a^2u_{xx}+A\cos\dfrac{\pi}{l}x\sin\omega t, 0<x<l, t>0 \\ u_x|_{x=0}=0, u_x|_{x=l}=0, t\geqslant 0 \\ u|_{t=0}=0, u_t|_{t=0}=0, 0<x<l \end{cases}$.

参考答案

习题 1

1. (a)4 阶，线性，非齐次；

   (b)2 阶，非线性，非齐次；

   (c)4 阶，拟线性，齐次；

   (d)2 阶，非线性，非齐次；

   (e)4 阶，线性，非齐次；

   (f)3 阶，拟线性，非齐次；

   (g)4 阶，非线性，齐次；

   (h)2 阶，非线性，非齐次.

2. 通解为

$$u(x,y)=e^{-y}f(x)+g(y)$$

其中 $f(x)$ 和 $g(y)$ 是任意二次连续可微函数.

习题 3

1. (a) 双曲型，令 $\begin{cases}\xi=y-\sin x-x\\ \eta=y-\sin x+x\end{cases}$，则 $u_{\xi\eta}=0$；

   (b) 抛物型，$\begin{cases}\xi=e^{-y}-e^{-x}\\ \eta=x\end{cases}$，则 $e^{2x}u_{\eta\eta}+u_{\xi}(e^{y}-e^{x})=0$；

   (c) 椭圆形，$\begin{cases}\xi=\ln(y+\sqrt{1+y^2})\\ \eta=\ln(x+\sqrt{1+x^2})\end{cases}$，则 $u_{\xi\xi}+u_{\eta\eta}=0$.

2. (a) i) $y=0$，抛物型，则 $u_{xx}=0$.

ii) $y\neq 0$，椭圆形，则 $u_{\xi\xi}+u_{\eta\eta}=u_{\xi}+e^{\xi}$.

(b) i) $x<0$,双曲型,则 $u_{\xi\eta}-\frac{1}{4}\left(\frac{\xi-\eta}{4}\right)^4+\frac{1}{2(\xi-\eta)}(u_\xi-u_\eta)=0$.

ii) $x=0$,抛物型,则 $u_{yy}=0$.

iii) $x>0$,椭圆型,则 $u_{\xi\xi}+u_{\eta\eta}=\frac{\eta^4}{16}+\frac{1}{\eta}u_\eta$.

(c) i) $y=0$,抛物型,则 $u_{xx}+xu_x+u=0$.

ii) $y\neq 0$,双曲型,则 $u_{\xi\eta}-\frac{1}{\eta}(1+\xi-\ln\eta)u_\xi-u_\eta-\frac{1}{\eta}u=0$.

3. (a) 抛物型,令 $\begin{cases}\xi=x+y\\ \eta=y\end{cases}$,则 $u_{\eta\eta}=-\frac{3}{2}u$.

(b) 双曲型,令 $\begin{cases}\xi=x\\ \eta=2x-y\end{cases}$,则 $u_{\xi\eta}-9u_\xi-17u_\eta+2=0$.

(c) 双曲型,令 $\begin{cases}\xi=\frac{x^2}{2}-y\\ \eta=\frac{x^2}{2}+y\end{cases}$,则 $4(\xi+\eta)u_{\xi\eta}+u_\xi+u_\eta+3u=0$.

(d) 椭圆型,令 $\begin{cases}\xi=x\\ \eta=3x+y\end{cases}$,则 $u_{\xi\xi}+u_{\eta\eta}+u_\xi=0$.

习题 4

1. $u(x,t)=\sin\frac{x+t}{2}+\frac{x-t}{2}$.

2. $u(x,y)=\varphi_1\left(\frac{x+2\sqrt{-y}}{2}\right)+\varphi_2\left(\frac{1+x-2\sqrt{-y}}{2}\right)-\varphi_1\left(\frac{1}{2}\right)$.

3. $u(x,y)=\varphi_1(x-2\sqrt{-y})-\varphi_2\left(\frac{x-2\sqrt{-y}}{2}\right)+\varphi_2\left(\frac{x+2\sqrt{-y}}{2}\right)$.

4. (a) $u(x,y)=\mathrm{e}^{2x+y}$;

(b) $u(x,y)=3\sin(2x+2y)+2\cos(3x-y)$;

(c) $u(x,y)=4x^2+\frac{10}{9}y^2-\cos(3x+3y)+\cos(3x-y)$.

5. $u(x,y)=\frac{1}{2}[\varphi(x-\sin x+y)+\varphi(x+\sin x-y)]+\frac{1}{2}\int_{x+\sin x-y}^{x-\sin x+y}\psi(s)\mathrm{d}s$.

6. (a) $u(x,t)=\begin{cases}0, x\geqslant t\\ \dfrac{t-x}{1+t-x}, 0\leqslant x<t\end{cases}$;

$$(b)\,u(x,t)=\begin{cases}\dfrac{1}{2}[\varphi(x-at)+\varphi(x+at)]+\dfrac{1}{2a}\displaystyle\int_{x-at}^{x+at}\psi(\tau)\mathrm{d}\tau, t\leqslant\dfrac{x}{a}\\ \dfrac{1}{2}[\varphi(at-x)+\varphi(x+at)]+\dfrac{1}{2a}\Big[\displaystyle\int_0^{at-x}\psi(\tau)\mathrm{d}\tau+\\ \displaystyle\int_0^{x+at}\psi(\tau)\mathrm{d}\tau\Big]+\dfrac{a}{\omega}\Big[\cos\omega\Big(t-\dfrac{x}{a}\Big)-1\Big], t>\dfrac{x}{a}\end{cases}.$$

7. (a) $u(x,t)=\sin(x+t)+t\cos x-\cos x\cdot\sin t$;

(b) $u(x,t)=\dfrac{xt^3}{6}+\dfrac{1}{2a}[\arctan(x+at)-\arctan(x-at)]$;

(c) $u(x,t)=\dfrac{1}{3a}\sin 3x\sin 3at+\dfrac{1}{a^3}(at-\sin at)\sin x$.

8. (a) $u(x,y,z,t)=x^2+y^2+2a^2t^2$;

(b) $u(x,y,z,t)=x^2+y^2-2z^2+t+t^2xyz$;

(c) $u(x,y,z,t)=x^3+y^2z+3a^2xt^2+a^2zt^2$.

9. (a) $u(x,y,t)=\pi at\left(2x^3at+\dfrac{at}{2}+2xa^2t^2+2y\right)$;

(b) $u(x,y,t)=x^4+x^2y+3a^2t^2x(2x+y)+a^4t^4$.

习题 5

1. (a) $\lambda_n=n^2, u_n(x)=\sin nx, n=1,2,\cdots$;

(b) $\lambda_n=\dfrac{(2n-1)^2\pi^2}{4l^2}, u_n(x)=\sin\dfrac{(2n-1)\pi x}{2l}, n=1,2,\cdots$.

2. (a) $\lambda_n=n^2, u_n(x)=a_n\cos nx+b_n\sin nx, n=0,1,2,\cdots$;

(b) $\lambda_n=(n\pi)^2, u_n(x)=a_n\cos n\pi x+b_n\sin n\pi x, n=0,1,2,\cdots$.

3. $\lambda_n=1+(n\pi)^2, u_n(x)=\dfrac{1}{x}\sin(n\pi\ln x), n=1,2,\cdots$.

4. $\begin{cases}\lambda_0=0, u_0(x)=x\mathrm{e}^{-x}\\ \lambda_n=\beta_n^2, u_n(x)=\mathrm{e}^{-x}\sin\beta_n x, n=1,2,\cdots\end{cases}$,

其中 β_n 是方程 $\tan\beta_n=\beta_n$， $n=1,2,\cdots$ 的正根.

习题 6

1. 贝塞尔方程为 $z^2\dfrac{d^2y}{dz^2}+z\dfrac{dy}{dz}+(z^2+v^2)=0$，

通解为 $y(x)=c_1J_0(z)+c_2Y_0(z)=c_1J_0(\sqrt{x})+c_2Y_0(\sqrt{x})$.

习题 7

2. (a) $f(x)=\sum_{n=1}^{\infty}\left[(-1)^{n+1}\dfrac{2\pi}{n}+(-1)^n\dfrac{4}{n^3\pi}-\dfrac{4}{n^3\pi}\right]$；

(b) $f(x)=\sum_{n=1}^{\infty}\dfrac{1}{n}$；

(c) $f(x)=\sum_{n=2}^{\infty}\dfrac{1}{\pi}[1+(-1)^n]\dfrac{2n}{n^2-1}$；

(d) $f(x)=\sum_{n=1}^{\infty}\dfrac{(-1)^{n+1}2n\dfrac{e^{\pi}}{\pi}+\dfrac{2n}{\pi}}{n^2+1}$.

3. (a) $f(x)=\dfrac{2}{\pi}+\sum_{n=1}^{\infty}(-1)^{n+1}\dfrac{4}{\pi(4n^2-1)}$；

(b) $\dfrac{2}{3}\pi^2+\sum_{n=1}^{\infty}(-1)^n\dfrac{4}{n^2}$；

(c) $f(x)=\dfrac{2}{\pi}(e^{\pi}-1)+\sum_{n=1}^{\infty}\dfrac{2[(-1)^ne^{\pi}-1]}{(n^2+1)\pi}$；

(d) $f(x)=\dfrac{e^{\pi}-e^{-\pi}}{\pi}+\sum_{n=1}^{\infty}\dfrac{(-1)^n(e^{\pi}-e^{-\pi})}{\pi(n^2+1)}$；

(e) $f(x)=3\pi+\sum_{n=1}^{\infty}\dfrac{2}{n^2\pi}[(-1)^n-1]$；

(f) $f(x)=\dfrac{4}{3\pi}+\sum_{n=1}^{\infty}\dfrac{2n[(-1)^{n+1}-1]}{\pi(n^2-9)}$.

习题 8

1. (a) $u(x,t)=\sum\limits_{n=1}^{\infty}\frac{4}{(n\pi)^3}[1-(-1)^n]\cos n\pi t\sin n\pi x$;

(b) $u(x,t)=\cos 2a\pi t\sin 2\pi x$;

(c) $u(x,t)=\sum\limits_{n=1}^{\infty}\frac{2[(2-n^2\pi^2)\cdot(-1)^n-2]}{a\,(n\pi)^4}\sin an\pi t\sin n\pi x$;

(d) $u(x,t)=\sum\limits_{n=1(n\neq 2)}^{\infty}\frac{32[(-1)^n-1]}{an^2\pi(n^2-4)}\sin ant\sin nx$.

2. (a) $u(x,t)=\sum\limits_{n=1}^{\infty}\frac{6}{\pi}(-1)^{n-1}\left(\frac{2}{2n-1}\right)^2\left[\pi^2-\frac{8}{(2n-1)^2}\right]\cos\frac{2n-1}{2}at\cdot\sin\frac{2n-1}{2}x$;

(b) $u(x,t)=\frac{2}{\pi}+\sum\limits_{n=2}^{\infty}\frac{2[(-1)^{n-1}-1]}{\pi(n^2-1)}\cos ants\cos nx$.

3. (a) $3\cos at\sin x+\frac{2}{a}\sin at\sin x$;

(b) $u(x,t)=\cos at\sin x+\sum\limits_{n=1}^{\infty}\frac{2\,(-1)^{n+1}}{an^2}\sin ants\sin nx$;

(c) $u(x,t)=\frac{1}{2a}\sin 2at\cos 2x+\frac{\pi}{2}-\frac{2}{\pi}\sum\limits_{n=1}^{\infty}\frac{1-(-1)^n}{n^2}\cos ant\cos nx$.

4. $u(x,t)=\frac{3bx}{2a}+\sum\limits_{n=1}^{\infty}\frac{6b[(-1)^n-1]}{(n\pi)^2\sinh\frac{an\pi}{b}}\sinh\frac{n\pi}{b}x\cos\frac{n\pi}{b}y$.

5. (a) $u(x,t)=\sum\limits_{n=1}^{\infty}\frac{4[1-(-1)^n]}{(n\pi)^3}\mathrm{e}^{-(2n\pi)^2t}\sin n\pi x$;

(b) $u(x,t)=\sum\limits_{n=1}^{\infty}\frac{16\,(-1)^{n-1}}{(2n-1)^2\pi^2}\exp\left[-\frac{(2n-1)^2\pi^2}{16}t\right]\sin\frac{(2n-1)}{4}\pi x$;

(c) $u(x,t)=\frac{l^2}{6}+\sum\limits_{n=1}^{\infty}\frac{2l^2}{(n\pi)^2}[(-1)^{n-1}-1]\exp\left[-k\left(\frac{n\pi}{l}\right)^2t\right]\sin\frac{n\pi}{l}x$.

习题 9

1. (a) $u(x,t)=-\frac{h}{2a^2}(x^2-lx)+\frac{2hl^2}{a^2}\sum_{n=1}^{\infty}\frac{(-1)^n-1}{(n\pi)^3}e^{-(\frac{an\pi}{l})^2t}\sin\frac{n\pi x}{l}$;

(b) $u(x,t)=(1+\frac{1}{12a^2})-\frac{x^4}{12a^2}+\sum_{n=1}^{\infty}\frac{2(-1)^n}{a^2(n\pi)^3}\{1-\frac{2}{(n\pi)^2}[1-(-1)^n]\}\cdot$ $\cos an\pi t\sin n\pi x$.

2. $u(x,t)=\frac{A}{\omega}(1-\cos\omega t)$,

$u(x,t)=3x\sin t+\sum_{n=1}^{\infty}[a_n\cos 2n\pi t+b_n\sin 2n\pi t]\sin n\pi x+\sum_{n=1}^{\infty}\tilde{v}_n\sin n\pi x$.

3. $a_n=\frac{32}{(n\pi)^3}[1-(-1)^n]$, $a_n=\frac{3}{(n\pi)^3}(-1)^n$,

$\tilde{v}_n=\frac{-3}{2(n\pi)^3}\{(1-\cos 2n\pi t)+\frac{1}{2n\pi+1}[\sin t+2\sin 2n\pi t-\sin(4n\pi+1)t]\}$.

习题 10

1. (a) $u(x,t)=\frac{x}{2\sqrt{\pi}}\int_0^t g(\tau)(t-\tau)^{-\frac{3}{2}}\cdot e^{-\frac{x^2}{4(t-\tau)}}d\tau$;

(b) 略;

(c) $u(x,t)=\frac{1}{\sqrt{2\pi}}\int_{-\infty}^{+\infty}f(\xi)\cos(a\xi^2t)e^{-i\xi x}d\xi$;

(d) $u(x,t)=\frac{1}{\sqrt{\pi}}\int_{\frac{x}{\sqrt{2at}}}^{\infty}g\left(\frac{t-x^2}{2a\xi^2}\right)\left(\sin\frac{\xi^2}{2}+\cos\frac{\xi^2}{2}\right)d\xi$;

(e) $u(x,t)=\frac{\varphi_0}{2\pi}\int_{-\infty}^{\infty}\frac{\sin c\xi\cdot e^{i\xi x}}{\xi\cdot|\xi|}\cdot e^{-|\xi|x}d\xi$;

(f) 略;

(g) $u(x,y)=\frac{2y}{\pi}\int_0^{\infty}\frac{(x^2+y^2+\tau^2)f(\tau)}{[y^2+(x-\tau)^2]\cdot[y^2+(x+\tau)^2]}d\tau-\frac{1}{2\pi}\int_0^{\infty}g(\tau)\cdot$ $\ln\frac{[x^2+(y+\tau)^2]}{[x^2+(y-\tau)^2]}d\tau$;

(h) 略;

(i) 略；

(j) $u(x,y,t)=\frac{x}{2\sqrt{\pi}}\int_0^t f(\xi)(t-\xi)^{-\frac{3}{2}}\cdot \mathrm{e}^{-h(t-\xi)-\frac{x^2}{4(t-\xi)}}\mathrm{d}\xi$；

(k) $$u(x,y)=\frac{1}{2l}\sin\frac{\pi y}{l}\int_0^\infty f(\xi)\left\{\frac{1}{\left[\cos\,(l-g)\,\frac{\pi}{l}+\cosh(x-\xi)\,\frac{\pi}{l}\right]}-\frac{1}{\left[\cos\,(l-y)\,\frac{\pi}{l}+\cosh(x+\xi)\,\frac{\pi}{l}\right]}\right\}\mathrm{d}\xi.$$

2. (a) $u(x,t)=\begin{cases}\frac{1}{2}[f(ct+x)-f(ct-x)],t>\frac{x}{c}\\ \frac{1}{2}[f(x+ct)+f(x-ct)],t<\frac{x}{c}\end{cases}$；

(b) $u(x,t)=\begin{cases}\sin\omega\left(t-\frac{x}{c}\right),t\geqslant\frac{x}{c}\\ 0,t<\frac{x}{c}\end{cases}$；

(c) $u(x,t)=f_0+(f_1-f_0)\operatorname{erfc}\left(\frac{x}{2\sqrt{kt}}\right)$；

(d) $u(x,t)=(a-x)\operatorname{erfc}\left(\frac{x}{2\sqrt{kt}}\right)+x$；

(e) $u(x,t)=2\int_0^t\int_0^\eta \operatorname{erfc}\left(\frac{x}{2\sqrt{k\xi}}\right)\mathrm{d}\xi\mathrm{d}\eta$；

(f) $u(x,t)=f_0\mathrm{e}^{-ht}\cdot\operatorname{erf}\left(\frac{x}{2\sqrt{kt}}\right)$；

(g) $u(x,t)=u_0\left[\operatorname{erf}\left(\frac{x}{2\sqrt{t}}\right)+\mathrm{e}^{x+t}\operatorname{erfc}\left(\sqrt{t}+\frac{x}{2\sqrt{t}}\right)\right]$；

(h) $u(x,t)=\frac{2}{\sqrt{\pi}}\int_{\frac{x}{2\sqrt{t}}}^\infty f\left(t-\frac{x^2}{4\eta^2}\right)\mathrm{e}^{-\eta^2}\mathrm{d}\eta$；

(i) $u(x,t)=ht-h\int_0^t\operatorname{erfc}\left(\frac{x}{2\sqrt{k\tau}}\right)\mathrm{d}\tau$；

(j) $u(x,t)=100\left[\operatorname{erfc}\left(\frac{1-x}{2\sqrt{t}}\right)-\mathrm{e}^{1-x+t}\cdot\operatorname{erfc}\left(\sqrt{t}+\frac{1-x}{2\sqrt{t}}\right)\right]$；

(k) $u(x,t)=u_0-u_0\sum_{n=0}^{\infty}(-1)^n\left[\operatorname{erfc}\left(\frac{2n+1-x}{2\sqrt{kt}}\right)+\operatorname{erfc}\left(\frac{2n+1+x}{2\sqrt{kt}}\right)\right]$；

(l) $u(x,t)=A\sin\omega\left(t-\dfrac{x}{a}\right)\Psi\left(t-\dfrac{x}{a}\right)$，其中 $\Psi(z)=\begin{cases}1, z>0\\0, z\leqslant 0\end{cases}$；

(m) $u(x,t)=a\cdot\dfrac{F_0}{E}\sum\limits_{n=0}^{\infty}(-1)^n\left[\left(t-\dfrac{2nL+L-x}{a}\right)\Psi\left(t-\dfrac{2nL+L-x}{a}\right)-\right.$

$$\left.\left(t-\frac{2nL+L+x}{a}\right)\cdot\Psi\left(t-\frac{2nL+L+x}{a}\right)\right], \Psi(z)=\begin{cases}1, z>0\\0, z\leqslant 0\end{cases};$$

(n) $u(x,t)=(t-x)\sinh(t-x)\Psi(t-x)+x\cdot e^{-x}\cosh t-e^{-x}t\sinh t$，其中

$\Psi(z)=\begin{cases}1, z>0\\0, z\leqslant 0\end{cases}$；

(o) 略.

习题 11

1. (a) $G(x,\xi)=\begin{cases}x, 0\leqslant x<\xi\\ \xi, \xi<x\leqslant 1\end{cases}$；

(b) $G(x,\xi)=\begin{cases}-\ln\xi, 0\leqslant x<\xi\\ -\ln x, \xi<x\leqslant 1\end{cases}$；

(c) $G(x,\xi)=\begin{cases}\sum\limits_{k=0}^{\infty}\dfrac{x^{2k+1}}{2k+1}, 0\leqslant x<\xi\\ \sum\limits_{k=0}^{\infty}\dfrac{\xi^{2k+1}}{2k+1}, \xi<x\leqslant 1\end{cases}$；

(d) $G(x,\xi)=\begin{cases}\dfrac{\sin ax}{a\cdot\tan a}(\tan a\cdot\cos a\xi-\sin a\xi), 0\leqslant x<\xi\\ \dfrac{\sin a\xi}{a\cdot\tan a}(\tan a\cdot\cos ax-\sin ax), \xi<x\leqslant 1\end{cases}$；

(e) $G(x,\xi)=\begin{cases}\dfrac{x^3\xi}{2}+\dfrac{x\xi^3}{2}-\dfrac{9}{5}x\xi+x, 0\leqslant x<\xi\\ \dfrac{x^3\xi}{2}+\dfrac{x\xi^3}{2}-\dfrac{9}{5}x\xi+\xi, \xi<x\leqslant 1\end{cases}$；

(f) $G(x,\xi)=\begin{cases}-\dfrac{1}{2}\ln[|1-x|\cdot|1+\xi|]+\ln 2-\dfrac{1}{2}, -1\leqslant x<\xi\\ -\dfrac{1}{2}\ln[|1+x|\cdot|1-\xi|]+\ln 2-\dfrac{1}{2}, \xi<x\leqslant 1\end{cases}$.

2. (a) $u(x)=1-\cos x+\dfrac{(\cos 1-1)}{\sin 1}\cdot\sin x$；

(b)$u(x)=\frac{e^x}{5}-\frac{e\cdot\sin 2x}{10\cos 2}-\frac{\cos 2(x-1)}{5\cdot\cos 2}$;

(c)$u(x)=\frac{x}{12}(9x-6x\ln x-11)$;

(d)$u(x)=\frac{3}{2e}e^x+\frac{e}{2}\cdot e^{-x}-x$;

(e)$u(x)=\int_0^x\frac{1}{\xi}\cdot\sin\xi\cdot\sin\left(\ln\frac{x}{\xi}\right)d\xi$.

3. (a)$u(x,t)=\frac{1}{2}[\varphi(x-at)+\varphi(x+at)]+\frac{1}{2a}\int_{x-at}^{x+at}\psi(\tau)d\tau$;

(b)$u(x,y,z,t)=\frac{1}{4\pi a}\left[\frac{\partial}{\partial t}\iint_{S_{at}^M}\frac{\varphi}{r}\bigg|_{r=at}dS_{at}+\iint_{S_{at}^M}\frac{\psi}{r}\bigg|_{r=at}dS_{at}\right]$.

5. (a)$u(x,t)=\begin{cases}\sin\frac{\pi}{l}x\left(\frac{l}{a\pi}\right)^2[1-e^{-\left(\frac{a\pi}{l}\right)^2t}],n=1\\ \sin\frac{3\pi}{l}x\,e^{-\left(\frac{3a\pi}{l}\right)^2t},n=3\\ 0,n\neq 1,3\end{cases}$;

(b)$u(x,t)=\frac{A}{\omega}(1-\cos\omega t)$;

(c)$u(x,t)=\frac{1}{2}\sin\frac{2\pi}{l}x\left(\frac{l}{a\pi}\sin\frac{2a\pi}{l}t+\cos\frac{2a\pi}{l}t\right)+\frac{l}{(a\pi)^2}\sin\frac{\pi}{l}x\left(\cos\frac{a\pi t}{l}-1\right)$;

(d)$u(x,t)=\frac{2A}{a\pi^2}\sum_{n=1,n\neq 1}^{\infty}\frac{1+(-1)^n}{n^2-1}\sin\frac{n\pi}{l}x\frac{1}{\omega^2-\left(\frac{an\pi}{l}\right)^2}\left(an\pi\sin\omega t+\omega\sin\frac{an\pi}{l}t\right)$.

附录一　一阶偏微分方程求解

本节简单回顾与常微分方程求解有关的积分因子和首次积分，以及如何用首次积分求解一阶偏微分方程.

1　一阶常微分方程组的首次积分

先回顾一般的一阶常微分方程组

$$\begin{cases}\dfrac{dy_1}{dx}=f_1(x,y_1,y_2,\cdots,y_n)\\ \dfrac{dy_2}{dx}=f_2(x,y_1,y_2,\cdots,y_n)\\ \qquad\vdots\\ \dfrac{dy_n}{dx}=f_n(x,y_1,y_2,\cdots,y_n)\end{cases}\tag{1}$$

的解法.

例 1　求解

$$\begin{cases}\dfrac{dx}{dt}=y\\ \dfrac{dy}{dt}=-x\end{cases}$$

解　先将第一式两端同乘 x，第二式两端同乘 y，相加得

$$x\frac{dx}{dt}+y\frac{dy}{dt}=0$$

即

$$\frac{d}{dt}(x^2+y^2)=0$$

积分后得

$$x^2+y^2=C_1$$

再将第一式两端同乘 y，第二式两端同乘 x，相减得

$$y\frac{\mathrm{d}x}{\mathrm{d}t}-x\frac{\mathrm{d}y}{\mathrm{d}t}=x^2+y^2$$

即

$$\arctan\frac{x}{y}-t=C_2$$

于是得到方程组的解 $x(t)$ 和 $y(t)$ 所满足的方程组

$$\begin{cases}x^2+y^2=C_1\\ \arctan\dfrac{x}{y}-t=C_2\end{cases}\tag{2}$$

式(2) 即为原方程组的通积分。

定义 1　如果以方程组(1) 的任何一个解 $y_1(x),y_2(x),\cdots,y_n(x)$ 代入连续可微函数 $\Phi(x,y_1,y_2,\cdots,y_n)$，使函数 $\Phi(x,y_1(x),y_2(x),\cdots,y_n(x))$ 恒等于某一常数，则函数 $\Phi(x,y_1,y_2,\cdots,y_n)$ 称为方程组(1) 的一个首次积分.

由此定义可知，例 1 中的 $\Phi_1(t,x,y)=x^2+y^2$ 和 $\Phi_2(t,x,y)=\arctan\dfrac{x}{y}-t$ 就是原问题的首次积分.

定义 2　设 $\Phi_i(x,y_1,y_2,\cdots,y_n)$，$i=1,2,\cdots,k,k\leqslant n$，是方程组(1) 的 k 个首次积分，如果矩阵

$$\begin{bmatrix}\dfrac{\partial\Phi_1}{\partial y_1} & \dfrac{\partial\Phi_1}{\partial y_2} & \cdots & \dfrac{\partial\Phi_1}{\partial y_n}\\ \dfrac{\partial\Phi_2}{\partial y_1} & \dfrac{\partial\Phi_2}{\partial y_2} & \cdots & \dfrac{\partial\Phi_2}{\partial y_n}\\ \vdots & \vdots & \vdots & \vdots\\ \dfrac{\partial\Phi_n}{\partial y_1} & \dfrac{\partial\Phi_n}{\partial y_2} & \cdots & \dfrac{\partial\Phi_n}{\partial y_n}\end{bmatrix}$$

中的某个 k 阶子式不为零，则称 $\Phi_i(x,y_1,y_2,\cdots,y_n)(i=1,2,\cdots,k,k\leqslant n)$ 是方程组(1) 的 k 个独立的首次积分。

例 2　求解

$$\begin{cases}\dfrac{\mathrm{d}x}{\mathrm{d}t}=y-z\\ \dfrac{\mathrm{d}y}{\mathrm{d}t}=z-x\\ \dfrac{\mathrm{d}z}{\mathrm{d}t}=x-y\end{cases}$$

解　将三个方程的两端分别相加有

$$\frac{\mathrm{d}}{\mathrm{d}t}(x+y+z)=0$$

积分得到

$$x+y+z=C_1$$

得到首次积分

$$\Phi=x+y+z$$

然后用 x,y,z 分别乘第一、二、三个方程两端并相加，得

$$x\frac{\mathrm{d}x}{\mathrm{d}t}+y\frac{\mathrm{d}y}{\mathrm{d}t}+z\frac{\mathrm{d}z}{\mathrm{d}t}=0$$

积分可得

$$x^2+y^2+z^2=C_2$$

得到第二个首次积分

$$\Psi=x^2+y^2+z^2$$

在直线 $x=y=z$ 之外，矩阵

$$\begin{bmatrix}\Phi'_x & \Phi'_y & \Phi'_z\\ \Psi'_x & \Psi'_y & \Psi'_z\end{bmatrix}=\begin{bmatrix}1 & 1 & 1\\ 2x & 2y & 2z\end{bmatrix}$$

的每个二阶方阵的行列式均不为零，故 Φ 和 Ψ 是两个独立的首次积分，因此由

$$\begin{cases}\Phi=x+y+z=C_1\\ \Psi=x^2+y^2+z^2=C_2\end{cases}$$

可将 x,y,z 中的两个变量用第三个变量表示出来．例如

$$x+y=C_1-z,x^2+y^2=C_2-z^2$$

由此解得

$$x-y=\pm\sqrt{2C_2-2z^2-(C_1-z)^2}$$

代入原方程第三式，得到只含 z 的微分方程了．如果求得 z，可再从上述关系中求得 x 和 y．

2　一阶线性齐次偏微分方程

称

$$X_1(x_1,x_2,\cdots,x_n)\frac{\partial u}{\partial x_1}+\cdots+X_n(x_1,\cdots,x_n)\frac{\partial u}{\partial x_n}=0 \tag{3}$$

为一阶线性齐次偏微分方程，并假定 $X_i(i=1,2,\cdots,n)$ 在 $(x_1,x_2,\cdots,x_n)$ 空间中的某个区域 D 内连续，对各个自变量 $x_1,\cdots,x_n$ 的偏导数有界，且 X_i 在 D 内不同时为零.

对应于偏微分方程(3)，称与之具有对称形式的常微分方程组

$$\frac{\mathrm{d}x_1}{X_1(x_1,\cdots,x_n)}=\cdots=\frac{\mathrm{d}x_n}{X_n(x_1,\cdots,x_n)} \tag{4}$$

为偏微分方程(3) 的特征方程. 特征方程(4) 是一个 $(n-1)$ 阶的常微分方程，所以它有 $n-1$ 个独立的首次积分

$$\phi_i(x_1,\cdots,x_n)=C_i, i=1,\cdots,n-1 \tag{5}$$

我们将通过求解特征方程(4) 的首次积分，求得偏微分方程(3) 的通解.

定理 设已经得到特征方程(4) 的 $n-1$ 个独立的首次积分(5)，则一阶偏微分方程(3) 的通解为

$$u=\Phi[\phi_1(x_1,\cdots,x_n),\cdots,\phi_{n-1}(x_1,\cdots,x_n)] \tag{6}$$

其中 $\Phi[\cdot,\cdots,\cdot]$ 是一个任意的 $(n-1)$ 元的连续可微函数.

证明 设

$$\phi(x_1,\cdots,x_n)=C \tag{7}$$

是方程(4) 的一个(局部的) 首次积分.

因为函数 $X_1,\cdots,X_n$ 不同时为零，所以在局部邻域内不妨设 $X_n(x_1,\cdots,x_n)\neq 0$. 这样特征方程(4) 等价于下面标准形式的微分方程组

$$\begin{cases}\dfrac{\mathrm{d}x_1}{\mathrm{d}x_n}=\dfrac{X_1(x_1,\cdots,x_n)}{X_n(x_1,\cdots,x_n)}\\ \quad\vdots\\ \dfrac{\mathrm{d}x_{n-1}}{\mathrm{d}x_n}=\dfrac{X_{n-1}(x_1,\cdots,x_n)}{X_n(x_1,\cdots,x_n)}\end{cases} \tag{8}$$

因此式(7) 也是方程(8) 的一个首次积分，从而有恒等式

$$\frac{\partial\phi}{\partial x_n}+\sum_{i=1}^{n-1}\frac{X_i}{X_n}\frac{\partial\phi}{\partial x_i}=0$$

即恒等式

$$\sum_{i=1}^{n}X_i(x_1,\cdots,x_n)\frac{\partial\phi}{\partial x_i}=0 \tag{9}$$

因此证明函数 $\phi(x_1,\cdots,x_n)$ 为方程(4) 的一个首次积分的充要条件为恒等式(9) 成立. 也就是说，$\phi(x_1,\cdots,x_n)$ 为方程(4) 的一个首次积分的充要条件是 $u=\phi(x_1,\cdots,x_n)$ 为偏微分方程(3) 的一个(非常数) 解.

因为式(5)是微分方程(4)的$n-1$个独立的首次积分,所以根据首次积分的理论可知,对于任意连续可微的(非常数)$n-1$元函数$\Phi[\cdot,\cdots,\cdot]$,有

$$\Phi[\phi_1(x_1,\cdots,x_n),\cdots,\phi_{n-1}(x_1,\cdots,x_n)]=C$$

是方程(4)的一个首次积分,因此,相应的函数(6)是偏微分方程(3)的解.

反之,设$u=u(x_1,\cdots,x_n)$是偏微分方程(3)的一个非常数解,则$u(x_1,\cdots,x_n)=C$是特征方程(4)的一个首次积分.因此,由首次积分的理论得知,存在连续可微的函数$\Phi_0[\phi_1,\cdots,\phi_{n-1}]$,使得恒等式

$$u(x_1,\cdots,x_n)\equiv\Phi_0[\phi_1(x_1,\cdots,x_n),\cdots,\phi_{n-1}(x_1,\cdots,x_n)]$$

成立,即偏微分方程(3)的任何非常数解可表示成式(6)的形式.

另外,如果允许取Φ为常数,则式(6)显然包括了偏微分方程(3)的常数解.

因此,公式(6)表达了偏微分方程(3)的所有解,即它是通解.

例3　求解偏微分方程

$$(x+y)\frac{\partial z}{\partial x}-(x-y)\frac{\partial z}{\partial y}=0 \tag{10}$$

其中$x^2+y^2>0$.

解　偏微分方程(9)的特征方程是

$$\frac{\mathrm{d}x}{x+y}=\frac{-\mathrm{d}y}{x-y}$$

积分求得其首次积分为

$$\sqrt{x^2+y^2}\,\mathrm{e}^{\arctan\frac{y}{x}}=C$$

因此方程(9)的通解为

$$z=\phi(\sqrt{x^2+y^2}\,\mathrm{e}^{\arctan\frac{y}{x}})$$

其中$\phi(\cdot)$是任意的连续可微函数.

附录二　幂级数解法

除了正文中介绍的特征线积分法、分离变量法、格林函数法以及积分变换法外，还有其他求解偏微分方程的经典方法，如佩龙(Perron)方法、古典变分法和伽辽金(Galerkin)方法等.本附录将介绍一种经典解法——幂级数解法.这种方法可以求解一维问题，也可以求解高维问题.

考虑如下常微分方程初值问题

$$\begin{cases} u''(t)+a^2u(t)=0, t>0 & (1)\\ u(0)=A & (2)\\ u'(0)=0 & (3)\end{cases}$$

其中 $a>0$，方程(1)的通解是

$$u(t)=C_1\cos at+C_2\sin at, t\geqslant 0$$

其中 C_1 和 C_2 是任意实数，由边值条件(2)和(3)，可得

$$C_1=A, C_2=0$$

由此解得问题(1)～(3)的解为

$$u(t)=A\cos at, t\geqslant 0$$

由于

$$\cos at=\sum_{n=0}^{\infty}\frac{(-1)^n(at)^{2n}}{(2n)!}, t\geqslant 0$$

因此可将问题(1)～(3)的解写为级数形式

$$u(t)=A\sum_{n=0}^{\infty}\frac{(-1)^n(at)^{2n}}{(2n)!}=\sum_{n=0}^{\infty}\frac{t^{2n}}{(2n)!}(-a^2)^nA, t\geqslant 0 \quad (4)$$

利用表达式(4)，可以求解如下的波动方程柯西问题.

例1　求解波动方程柯西问题的级数形式的形式解

$$\begin{cases} u_{tt}-u_{xx}=0, x\in R, t>0 & (5)\\ u(x,0)=\varphi(x), x\in R & (6)\\ u_t(x,0)=0, x\in R & (7)\end{cases}$$

解　令

$$a^2=-\frac{\partial^2}{\partial x^2}, A=\varphi$$

即把 a^2 视为微分算子，A 视为函数，则问题(5)～(7)在形式上与问题(1)～(3)是相同的. 利用表达式(4)，可以得到问题(5)～(7)的级数形式的形式解如下

$$u(x,t)=\sum_{n=0}^{\infty}\frac{t^{2n}}{(2n)!}\left(\frac{\partial^2}{\partial x^2}\right)^n\varphi(x)=\sum_{n=0}^{\infty}\frac{t^{2n}}{(2n)!}D^{2n}\varphi(x),x\in R,t\geqslant 0 \quad (8)$$

其中 $D=\dfrac{\partial}{\partial x}$.

如果

$$\varphi(x)=x^2,x\in R$$

则由式(8)得到形式解

$$u(x,t)=\varphi(x)+\frac{t^2}{2!}D^2\varphi=x^2+t^2,x\in R,t\geqslant 0$$

易证得这个形式解的确是定解问题的解.

一般地，可以证明如下定理：

定理 1　假设 $\varphi\in C^{\infty}(R)$，并且对任意的 $R>0$，都存在非负数列 $\{a_n\}_{n=0}^{\infty}$，满足级数 $\sum\limits_{n=0}^{\infty}a_n\dfrac{t^{2n}}{(2n)!}$ 在 $[0,+\infty)$ 上收敛，且

$$|D^{2n}\varphi(x)|\leqslant a_n,|x|\leqslant R,n=0,1,2,\cdots$$

则由式(8)给出的函数 $u\in C^{\infty}(R\times[0,+\infty))$ 就是问题(5)～(7)的解.

证明　由假设条件可知，式(8)给出的 $u(x,t)\in C^{\infty}(R\times[0,+\infty))$，且逐项可微，因此

$$\frac{\partial^2 u}{\partial t^2}(x,t)=\sum_{n=2}^{\infty}2n(2n-1)\frac{t^{2n-2}}{(2n)!}D^{2n}\varphi(x)=\sum_{k=0}^{\infty}\frac{t^{2k}}{(2k)!}D^{2k+2}\varphi(x),x\in R,t\geqslant 0$$

$$\frac{\partial^2 u}{\partial x^2}(x,t)=\sum_{n=0}^{\infty}\frac{t^{2n}}{(2n)!}D^{2n+2}\varphi(x),x\in R,t\geqslant 0$$

$$u(x,0)=\sum_{n=0}^{\infty}\frac{t^{2n}}{(2n)!}D^{2n}\varphi(x)\Big|_{t=0}=\varphi(x),x\in R$$

$$\frac{\partial u}{\partial t}(x,0)=\sum_{n=1}^{\infty}\frac{t^{2n-1}}{(2n-1)!}D^{2n}\varphi(x)\Big|_{t=0}=0,x\in R$$

从而 u 是问题(5)～(7)的解.

例 2　用幂级数方法求解热传导方程柯西问题的级数形式的形式解

$$\begin{cases}u_t-u_{xx}=0,x\in R,t>0 & (9)\\ u(x,0)=\varphi(x),x\in R & (10)\end{cases}$$

解　考虑常微分方程初值问题

$$\begin{cases}u'(t)+a^2u(t)=0,t>0 & (11)\\ u(0)=A & (12)\end{cases}$$

其中 $a>0$，问题(11) 与(12) 的解为

$$u(t)=A\mathrm{e}^{-a^2 t},t\geqslant 0$$

可以表示为如下的级数形式

$$u(t)=A\sum_{n=0}^{\infty}\frac{(-a^2 t)^n}{n!}=\sum_{n=0}^{\infty}\frac{t^n}{n!}(-a^2)^n A,t\geqslant 0 \tag{13}$$

令

$$a^2=-\frac{\partial^2}{\partial x^2},A=\varphi$$

则问题(9)，(10) 在形式上与问题(11)，(12) 相同，利用表达式(13) 得到问题(9) 与(10) 的级数形式解

$$u(x,t)=\sum_{n=0}^{\infty}\frac{t^n}{n!}\left(\frac{\partial^2}{\partial x^2}\right)^n\varphi(x)=\sum_{n=0}^{\infty}\frac{t^n}{n!}D^{2n}\varphi(x),x\in R,t>0 \tag{14}$$

类似于定理 1，可以证明：

定理 2 假设 $\varphi(x)\in C^{\infty}(R)$，并且对任意的 $R>0$，都存在非负数列 $\{a_n\}_{n=0}^{\infty}$，满足级数 $\sum\limits_{n=0}^{\infty}a_n\dfrac{t^n}{n!}$ 在 $[0,+\infty)$ 上收敛，且

$$|D^{2n}\varphi(x)|\leqslant a_n,|x|\leqslant R,n=0,1,2,\cdots$$

则由式(14) 给出的函数 $u\in C^{\infty}(R\times[0,+\infty))$ 就是问题(9)，(10) 的解.

例 3 三维波动方程的柯西问题

$$\begin{cases}u_{tt}-\Delta u=0,(x,y,z)\in R^3,t>0 & (15)\\ u(x,y,z,0)=\varphi(x,y,z),(x,y,z)\in R^3 & (16)\\ u_t(x,y,z,0)=0,(x,y,z)\in R^3 & (17)\end{cases}$$

其中

$$\varphi(x,y,z)=x^2+y^2+z^2,(x,y,z)\in R^3$$

解 令 $a^2=-\Delta,A=\varphi$，则由式(4) 得到问题(15) ~ (17) 的级数形式的解

$$u(x,y,z,t)=\sum_{n=0}^{\infty}\frac{t^{2n}}{(2n)!}\Delta^n\varphi(x,y,z),(x,y,z)\in R^3,t\geqslant 0 \tag{18}$$

把 φ 的表达式代入上式，得

$$u(x,y,z,t)=x^2+y^2+z^2+3t^2,(x,y,z)\in R^3,t\geqslant 0$$

容易验证，这个形式解的确是定解问题的解.

附录三　积分变换表

表 1　傅立叶积分变换表

原函数 $f(x)$	变换 $F(\alpha)=\frac{1}{\sqrt{2\pi}}\int_{-\infty}^{+\infty} f(\xi)\mathrm{e}^{\mathrm{i}\alpha\xi}\mathrm{d}\xi$
$\frac{\sin ax}{x}$	$\pi(\lvert\alpha\rvert<a)$ $0(\lvert\alpha\rvert>a)$
$\mathrm{e}^{\mathrm{i}\omega x}(a<x<b)$ $0(x<a$ 或 $x>b)$	$\frac{\mathrm{i}}{\alpha+\omega}(\mathrm{e}^{\mathrm{i}a(\omega+\alpha)}-\mathrm{e}^{\mathrm{i}b(\omega+\alpha)})$
$\mathrm{e}^{-cx+\mathrm{i}\omega x}(x>0)$ $0(x<0)$	$\frac{\mathrm{i}}{\omega+\alpha+\mathrm{i}c}$
$\mathrm{e}^{-\eta x^2}(\mathrm{Re}\,\eta>0)$	$\left(\frac{\pi}{\eta}\right)^{\frac{1}{2}}\mathrm{e}^{-\frac{\alpha^2}{4\eta}}$
$\cos\eta x^2(\eta>0)$	$\left(\frac{\pi}{\eta}\right)^{\frac{1}{2}}\cos\left(\frac{\pi}{4}-\frac{\alpha^2}{4\eta}\right)$
$\sin\eta x^2(\eta>0)$	$\left(\frac{\pi}{\eta}\right)^{\frac{1}{2}}\sin\left(\frac{\pi}{4}-\frac{\alpha^2}{4\eta}\right)$
$\frac{\mathrm{ch}\,ax}{\mathrm{ch}\,\pi x}(-\pi<a<\pi)$	$\frac{2\cos\frac{a}{2}\mathrm{ch}\frac{\alpha}{2}}{\mathrm{ch}\,\alpha+\cos a}$
$\frac{\mathrm{sh}\,ax}{\mathrm{sh}\,\pi x}(-\pi<a<\pi)$	$\frac{\sin a}{\mathrm{ch}\,\alpha+\cos a}$
$\lvert x\rvert^{-s}(0<\mathrm{Re}\,s<1)$	$\frac{2}{\lvert\alpha\rvert^{1-s}}\Gamma(1-s)\sin\frac{\pi s}{2}$
$\frac{1}{\lvert x\rvert}$	$\frac{(2\pi)^{\frac{1}{2}}}{\lvert\alpha\rvert}$
$\frac{c^{-a\lvert x\rvert}}{\lvert x\rvert^{\frac{1}{2}}}$	$\left(\frac{2\pi}{a^2+\alpha^2}\right)^{\frac{1}{2}}[(a^2+\alpha^2)^{\frac{1}{2}}+a]^{\frac{1}{2}}$
$(a^2-x^2)^{-\frac{1}{2}}(\lvert x\rvert<a)$ $0(\lvert x\rvert>a)$	$\pi\mathrm{J}_0(a\alpha)$
$\frac{\sin[b(a^2+x^2)^{\frac{1}{2}}]}{(a^2+x^2)^{\frac{1}{2}}}$	$0(\lvert\alpha\rvert>b)$ $\pi\mathrm{J}_0(a\sqrt{b^2-\alpha^2})(\lvert\alpha\rvert<b)$

续表 1

原函数 $f(x)$	变换 $F(\alpha)=\dfrac{1}{\sqrt{2\pi}}\int_{-\infty}^{+\infty}f(\xi)\mathrm{e}^{\mathrm{i}\alpha\xi}\mathrm{d}\xi$
$\dfrac{\cos\left[b(a^2-x^2)^{\frac{1}{2}}\right]}{(a^2-x^2)^{\frac{1}{2}}}(\lvert x\rvert<a)$ $0(\lvert x\rvert>a)$	$\pi \mathrm{J}_0(a\sqrt{b^2+\alpha^2})$
$\dfrac{ch\left[b(a^2-x^2)^{-\frac{1}{2}}\right]}{(a^2-x^2)^{\frac{1}{2}}}(\lvert x\rvert<a)$ $0(\lvert x\rvert>a)$	$\pi \mathrm{J}_0(a\sqrt{\alpha^2-b^2})(\lvert\alpha\rvert>b)$ $0(\lvert\alpha\rvert<b)$
$P_n(x)(\lvert x\rvert<1)$ $0(\lvert x\rvert>1)$	$\mathrm{i}^n 2^{\frac{1}{2}}\mathrm{J}_{n+\frac{1}{2}}(\alpha)$

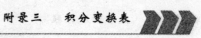

表 2　拉普拉斯积分变换表

原函数 $f(t)$	变换 $F(p)=\int_0^{+\infty} f(t)e^{-pt}\,dt$
1	$\frac{1}{p}$
t^n（n 是正整数）	$\frac{n!}{p^{n+1}}$
$t^a\ (a>-1)$	$\frac{\Gamma(a+1)}{p^{a+1}}$
$e^{\lambda t}$	$\frac{1}{0-\lambda}$
$\sin \omega t$	$\frac{\omega}{p^2+\omega^2}$
$\cos \omega t$	$\frac{p}{p^2+\omega^2}$
$\operatorname{sh} \omega t$	$\frac{\omega}{p^2-\omega^2}$
$\operatorname{ch} \omega t$	$\frac{p}{p^2-\omega^2}$
$t\sin \omega t$	$\frac{2\omega p}{(p^2+\omega^2)^2}$
$\delta(t)$	1
$t\cos \omega t$	$\frac{p^2-\omega^2}{(p^2+\omega^2)^2}$
$t\operatorname{sh} \omega t$	$\frac{2\omega p}{(p^2-\omega^2)^2}$
$t\operatorname{ch} \omega t$	$\frac{p^2+\omega^2}{(p^2-\omega^2)^2}$
$\frac{\sin \omega t}{t}$	$\arctan\frac{\omega}{p}$
$e^{-\lambda t}t^a\ (a>-1)$	$\frac{\Gamma(a+1)}{(p+\lambda)^{a+1}}$
$\frac{e^{bt}-e^{at}}{t}$	$\ln\frac{p-a}{p-b}$

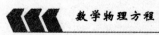

续表 2

原函数 $f(t)$	变换 $F(p)=\int_0^{+\infty} f(t)e^{-pt}dt$
$e^{-\lambda t}\sin\omega t$	$\frac{\omega}{(p+\lambda)^2+\omega^2}$
$e^{-\lambda t}\cos\omega t$	$\frac{p+\lambda}{(p+\lambda)^2+\omega^2}$
$\frac{1}{\sqrt{\pi t}}$	$\frac{1}{\sqrt{p}}$
$\frac{1}{\sqrt{\pi t}\,e^{-at}}$	$\frac{1}{\sqrt{p+a}}$
$\frac{1}{\sqrt{\pi t}}e^{-\frac{a^2}{4t}}$	$\frac{1}{\sqrt{p}}e^{-a\sqrt{p}}$
$\frac{1}{\sqrt{\pi t}}e^{-2a\sqrt{t}}$	$\frac{1}{\sqrt{p}}e^{\frac{a^2}{p}}\operatorname{erf}\left(\frac{1}{\sqrt{p}}\right)$
$\frac{1}{\sqrt{\pi t}}\sin 2\sqrt{at}$	$\frac{\sqrt{a}}{p\sqrt{p}}e^{-\frac{a}{p}}$
$\frac{1}{\sqrt{\pi t}}\cos 2\sqrt{at}$	$\frac{1}{\sqrt{p}}e^{-\frac{a}{p}}$
$\frac{1}{\sqrt{\pi t}}\sin\frac{1}{2t}$	$\frac{1}{\sqrt{p}}e^{-\sqrt{p}}\sin\sqrt{p}$
$\frac{1}{\sqrt{\pi t}}\cos\frac{1}{2t}$	$\frac{1}{\sqrt{p}}e^{-\sqrt{p}}\cos\sqrt{p}$
$\operatorname{erf}(\sqrt{at})$	$\frac{\sqrt{a}}{p\sqrt{p+a}}$
$\operatorname{erfc}\left(\frac{a}{2\sqrt{t}}\right)$	$\frac{1}{p}e^{-a\sqrt{p}}$
$e^t\operatorname{erfc}(\sqrt{t})$	$\frac{1}{p+\sqrt{p}}$
$J_0(at)$	$\frac{1}{\sqrt{p^2+a^2}}$
$I_0(at)$	$\frac{1}{\sqrt{p^2-a^2}}$

续表 2

原函数 $f(t)$	变换 $F(p)=\int_0^{+\infty} f(t)e^{-pt}\,dt$
$J_0(a\sqrt{t})$	$\frac{1}{p}e^{-\frac{a^2}{4p}}$
$I_0(a\sqrt{t})$	$\frac{1}{p}e^{\frac{a^2}{4p}}$
$J_\upsilon(at)(\mathrm{Re}\,\upsilon>-1)$	$\frac{a^\upsilon}{\sqrt{p^2+a^2}}\left(\frac{1}{p+\sqrt{p^2+a^2}}\right)^\upsilon$
$I_\upsilon(at)(\mathrm{Re}\,\upsilon>-1)$	$\frac{a^\upsilon}{\sqrt{p^2-a^2}}\left(\frac{1}{p+\sqrt{p^2-a^2}}\right)^\upsilon$
$\frac{J_\upsilon(at)}{t}(\mathrm{Re}\,\upsilon>0)$	$\frac{1}{\upsilon a^\upsilon}(\sqrt{p^2+a^2}-p)^\upsilon$
$t^\upsilon J_\upsilon(at)(\mathrm{Re}\,\upsilon>-\frac{1}{2})$	$\frac{\frac{(2a)^\upsilon}{\sqrt{\pi}}\Gamma(\upsilon+\frac{1}{2})}{(p^2+a^2)^{\upsilon+\frac{1}{2}}}$
$t^{\frac{\upsilon}{2}}J_\upsilon(a\sqrt{t})(\mathrm{Re}\,\upsilon>-1)$	$\frac{a^\upsilon}{2^\upsilon p^{\upsilon+1}}e^{-\frac{a^2}{4p}}$
$e^{-at}I_0(\beta t)$	$\frac{1}{\sqrt{(p+a)^2-\beta^2}}$
$S_k(t)=\begin{cases}0 & (0<t<k)\\ 1 & (t>k)\end{cases}$	$\frac{e^{-kp}}{p}$
$H(t)=\begin{cases}1 & (t>0)\\ 0 & (t<0)\end{cases}$	$\frac{1}{p}$

参考文献

[1] 姜礼尚,陈亚浙.数学物理方程讲义[M].北京:高等教育出版社,1986.

[2](美)TYN MYINT-U 著.数学物理中的偏微分方程[M].徐元钟译.上海:上海科学技术出版社,1983.

[3]MICHAEL E TAYLOR. Partial Differential EquationsI Basic Theory[M]. New York. Berlin:Springer-Verlag. 1996.

[4]PAP E,TAKA ČI A,TAKA ČI D. Partial Differential Equationsthrough Examplesand Exercises[M]. Dordrecht:Kluwer Academic Publishers, 1997.

[5]ISAAK RUBINSTEIN,LEV RUBINSTEIN. Partial Differential Equationsin Classical Mathematical Physics[M]. London:Cambridge University Press, 1998.

[6] 彭芳麟.数学物理方程的 Matlab 解法与可视化[M].北京:清华大学出版社,2004.

[7] 周邦寅,王一平,李立.数学物理方程[M].北京:电子工业出版社,2005.

[8] 车向凯,谢彦红,谬淑贤.数理方程[M].北京高等教育出版社,2008.

[9] 周明儒.数学物理方法[M].北京:高等教育出版社,2008.

[10] 吴小庆.数学物理方程及其应用[M].北京:科学出版社,2008.

[11] 陈才生.数学物理方程[M].北京:科学出版社,2008.

[12] 王明新.数学物理方程[M].北京:清华大学出版社,2009.

[13] 陆平,肖亚峰,任建斌.数学物理方程[M].北京:国防工业出版社,2011.

[14] 石辛民,翁智.数学物理方程及其 Matlab 解算[M].北京:清华大学出版社,2011.

[15] 谷超豪,李大潜,陈述行,郑宋穆,谭永基.数学物理方程[M].北京:高等教育出版社,2012.

[16] 徐定华.数学物理方程[M].北京:高等教育出版社,2013.

[17](德) 顾樵.数学物理方法[M].北京:科学出版社,2013.

[18] 谢鸿政.应用数学物理方程[M].北京:清华大学出版社,2014.

[19]DENNIS G ZILL,MICHAEL R Cullen. Differential Equations with Boundary Value Problems[M].北京:机械工业出版社,2003.

[20]MICHAEL RENARDY,ROBERT C ROGERS. An Introduction to Partial Differential Equations(SecondEdition)[M]. Berlin Heidelberg:Springer-Verlag, 2004.